宇宙とは何か

松原隆彦

SB新書
640

はじめに　「宇宙とは何か」の旅へ

宇宙とは何か。

この問いに答えるのは、実はけっこう難しいことです。

宇宙論の研究者だと名乗ると、一般の方から、このようなそもそもの質問をいただくことがよくあります。実際、本書の執筆も、編集者から「先生、結局のところ宇宙って何ですかね?」と訊かれたことから始まっています。

「宇宙の真実」「宇宙の正しい姿」と考えるなら、残念ながら現在のところ解き明かすことはできていません。まさにそれを解き明かすために我々のような研究者がいるともいえます。人間にはまだわからない「宇宙とは何か」を少しでも摑《つか》むために、日々研究に勤《いそ》しんでいます。誠実な研究者ならば、「宇宙とはこうこうこういうことである」というふうには、決して断言しないことでしょう。

いちおう字義的には、宇宙の「宇」が空間をあらわし、「宙」が時間をあらわします。

宇宙という言葉の成り立ちをたどると、紀元前中国の『淮南子《えなんじ》』という書物に行き着きます。ここに「往古来今謂之宙、四方上下謂之宇（往古来今これ宙といい、四方上下これ宇という）」という記述があり、要するに宙が時間で宇が空間だと。だから宇宙という単語で、時空という意味になります。宇宙とは何か――時空である、というのが1つ。

宇宙という言葉には悩みもあって、対応する適当な英語がないのです。

辞書を引くと、spaceやcosmosそれからuniverseなどの言葉が、「宇宙」の訳語として紹介されています。確かに日本語にするとすべて「宇宙」ですが、spaceは地球近傍《きんぼう》のイメージを持つのに対し、cosmosはもっと広い範囲を指します。宇宙開発で問題になるような地球上空としての宇宙がspaceで、地球を含めて広く宇宙をいう時に、cosmosが使われるという感じでしょうか。

universeはuni-が「1つの」という意味だけに、「我々が住むまさにこの単一宇宙」というニュアンスがあります。すべてを包み込む宇宙空間は1つであるという意識にひもづいているんです。日本語の「宇宙」には、そういうニュアンスはありません。太陽系を「我々の宇宙」、別の惑星に住んでいる知的生命体がいたとして、それを「彼らの宇宙」と呼んだってかまわないわけです。

日本語の「宇宙」は、かなり懐の深い言葉なんですね。宇宙開発（space development）も宇宙論（cosmology）も、いずれも宇宙の語でまかなえます。

さらには、宇宙飛行士は英語でastronautとなり、spaceもcosmosもuniverseも使われていません。

このastro-は「星の」という意味で、宇宙というより天体に主眼を置いています。日本語の場合、たとえば「宇宙好き」な子どもというと、そこには夜空を見上げて星を観察するのに熱心な子も含まれるのでしょうが、宇宙論（cosmology）がcosmosの言葉通りに宇宙全体を考えるのに対して、天体物理学（astrophysics）は個々の星などの天体を考える、かなり異なる分野の学問です。

宇宙全体の物理法則を追う宇宙論の研究者と、天体の物理法則を追う天体物理学の研究者を、ざっくり「宇宙理論研究室」とまとめるのは日本では可能ですが、この「宇宙理論」をcosmologyと訳してしまっては天体物理学が抜け落ちてしまいます。というわけで、英語に訳すことができず困ることがよくあります。

話が長くなりましたが、日本語と英語との違いもあるように、字義としてすら宇宙とは何かを定義することは難しいのです。

一般の方がイメージする「宇宙」は、日本語の宇宙でしょう。さまざまな星や銀河、人工衛星、ブラックホール、ダークマター、重力などの話から、宇宙に知的生命体はいるのか、我々の宇宙以外にも宇宙は存在するのか、時空を超えることはできるのか……といった話まで、広く含んだものだと思います。一言であらわせるものではありませんが、本書ではあえて「宇宙とは何か」という問いに挑むことにしました。

私自身、子どもの頃に抱いた「この世界はどうやってできているのだろう」という疑問から宇宙に関心を持ち、研究者の道を志しました。もとをたどれば、素朴で本質的な問いです。簡単に答えが出ないからこそ、面白く、惹きつけられ続けています。

有史以来、人類は、「我々の住むこの世界」を解き明かしたいという好奇心を抱えてきました。最初はちょっとした隣近所への冒険だったかもしれませんが、海を越え、山を越え、歴史とともに「より広い世界の認識」を手に入れてきました。

現代における、宇宙の探検、観測、理論研究は、太古からの人間の好奇心や、あるいは探究心が姿を変えたものなのかもしれません。

古くから現在まで、人間が「宇宙とは何か」を追い求めてきた道のりを追い、あらゆる可能性を並べてみることで、少しでもその真相に近づこうとするのが本書の試みです。

質問を受けつけながら、「宇宙とは何か」の講義をしてみたいと思います。

それでは開講です。

目次

はじめに
「宇宙とは何か」の旅へ……3

第1講 宇宙像の広がり

地球平面説から球体説へ……12
現代に残る地球平面説……17
宇宙の形を知るには？……18
天動説から地動説へ……22
地動説が有利になった理由……28
無限の宇宙を考えたブルーノ……30
地動説の証拠を見つける……31
地球に似た惑星もあるのか？……34
恒星が無数にあるのになぜ
夜空は暗いのか？……36
宇宙には始まりがある……40
アインシュタイン登場……42
相対性理論が本当だとわかる例……44
重力の正体……46
時間がゆがんでいる……48
無重力状態とは何か？……52

第2講 宇宙の地平

そこから先は見えない「ホライズン」……56
宇宙の膨張の不思議……57

宇宙の「晴れ上がり」…… 61
宇宙マイクロ波背景放射 …… 63
星はどのようにできたのか？ …… 66
銀河、銀河団、超銀河団 …… 69
銀河の未来とダークエネルギー …… 70
星の欠片でできている …… 74
宇宙の大規模構造 …… 76
宇宙は有限か無限か？ …… 77

第3講 ミクロの世界へ

量子力学の登場 …… 80
光は粒子か波か？ …… 82
プランク定数 …… 85
電子はどこにあるのか？ …… 87
シュレーディンガーの猫 …… 91
不思議な量子もつれ …… 95
量子コンピュータとは？ …… 99
量子論なしでは語れない「宇宙の始まり」…… 100
量子トンネル効果で宇宙が生まれた？…… 102
エクピロティック宇宙論 …… 104

第4講 マルチバース

宇宙が一様であるという謎 …… 108

インフレーション理論は
まだ確立していない……111
カオス的インフレーション……114
無限に広がる宇宙には、
自分も無限にいる？……116
ストリング理論がブームに……120
10次元……122
ランドスケープ宇宙……124
ブレーン宇宙……127
結局は誰が正しいのか？……128
ゲーデルの不完全性定理……130
物理学者と数学者……132
量子論の解釈問題……134
エヴェレットの多世界解釈……136
ホィーラーの参加型人間原理……139
この世界は真実か？……141

第5講 微調整問題と人間原理

奇跡的な宇宙……146
測定してはじめて決まる
「パラメータ」……146
弱い重力……150
もしも光速度が遅かったら……151
ミクロの世界にあらわれる
「プランク定数」……152
基本定数から得られるプランク尺度……154

ちょうどよい電子・陽子・
中性子の質量 …… 156
2重水素 …… 157
生命に都合のいい水の特殊な性質 …… 160
トリプル・アルファ反応 …… 162
人間原理の成功例 …… 164
単宇宙か多宇宙かで説得力が変わる
「強い人間原理」 …… 167
次元の数にも微調整が働いている？ …… 170
タキオン粒子 …… 174
とてつもない精度で
調整されている宇宙定数 …… 176
何がパラメータの値を決めているのか？ …… 180
パラメータは偶然でしかないのか？ …… 184

第6講 時間と空間

再び、宇宙とは何か？ …… 188
ロケットで未来へ …… 190
時空を超える方法 …… 191
タイムパラドックスの解決方法 …… 196
分岐する宇宙 …… 198
相対性理論と量子論は相性が悪い？ …… 199
時空とは何か？ …… 201
観測的宇宙論 …… 202
宇宙を追うために数学は必要か？ …… 205

第1講

宇宙像の広がり

地球平面説から球体説へ

最初にお話ししたいのは、我々の「宇宙像」がどのように変化していったかということです。

みなさんは、今いる場所から最も遠いところでいうと、どこに行ったことがありますか。

イギリスに交換留学に行ったことがあります。

いいですね。私もイギリスには何度か行ったことがあります。

私はコロナ禍になる前、ウルグアイに行きました。

それは遠いですね。日本からは飛行機を乗り継いで30時間ぐらいかかります。

では、その先はどうなっているか知っていますか。

もちろん知っていますね。現代に生きる私たちは、行ったことのない場所もどうなっているか知っています。地球が丸いことも、地球は太陽系の中にあることも、その外にとてつもなく広大な宇宙が広がっていることも知っています。

当然ながら昔は違いました。はるか昔の人にとっては、自分が歩いて行ける範囲の場所が「世界」だったでしょう。でも、その先に何があるのかを知りたいという欲求は常にあった。もっと遠くに行ったら何があるのか？　古代から現代にいたるまで、人類は「この宇宙の姿を知りたい」と考えています。その欲求が人を動かし、多くの難題を解明して、現在の我々の「宇宙像」になっているのです。

最先端の科学でわかる「宇宙像」の話をする前に、昔の人は宇宙をどう捉えていたのか見てみましょう。

「昔の人が考えた宇宙」として、よく紹介されるのが、古代インドの宇宙観です（図1）。半球を象が支え、その下に大きな亀がいて、さらに大蛇がぐるりと囲んでいる宇宙。どこかで目にしたことのある方もいるのではないでしょうか。

ただ、これは本当ではないようです。19世紀のドイツで、インドの思想や文化を紹介する本の中に描かれているのですが、肝心の古代インドの文献にはこういった図は見つかっていません。あくまで、インドの人たちはこう考えたのではないか、という想像図なんで

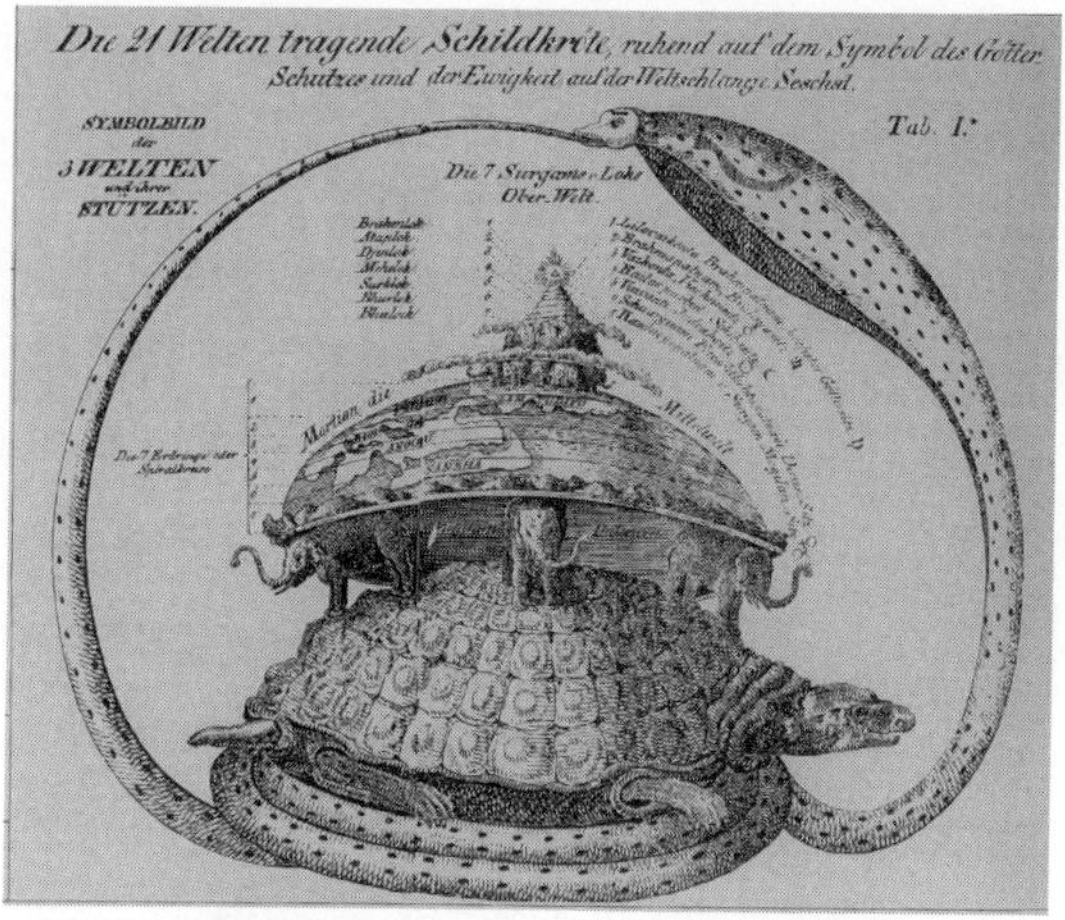

図1　古代インドの宇宙観とされたもの

出典：Müller, Niklaus, Glauben, Wissen und Kunst der alten Hindus, F.Kupfeberg, Mainz, 1822

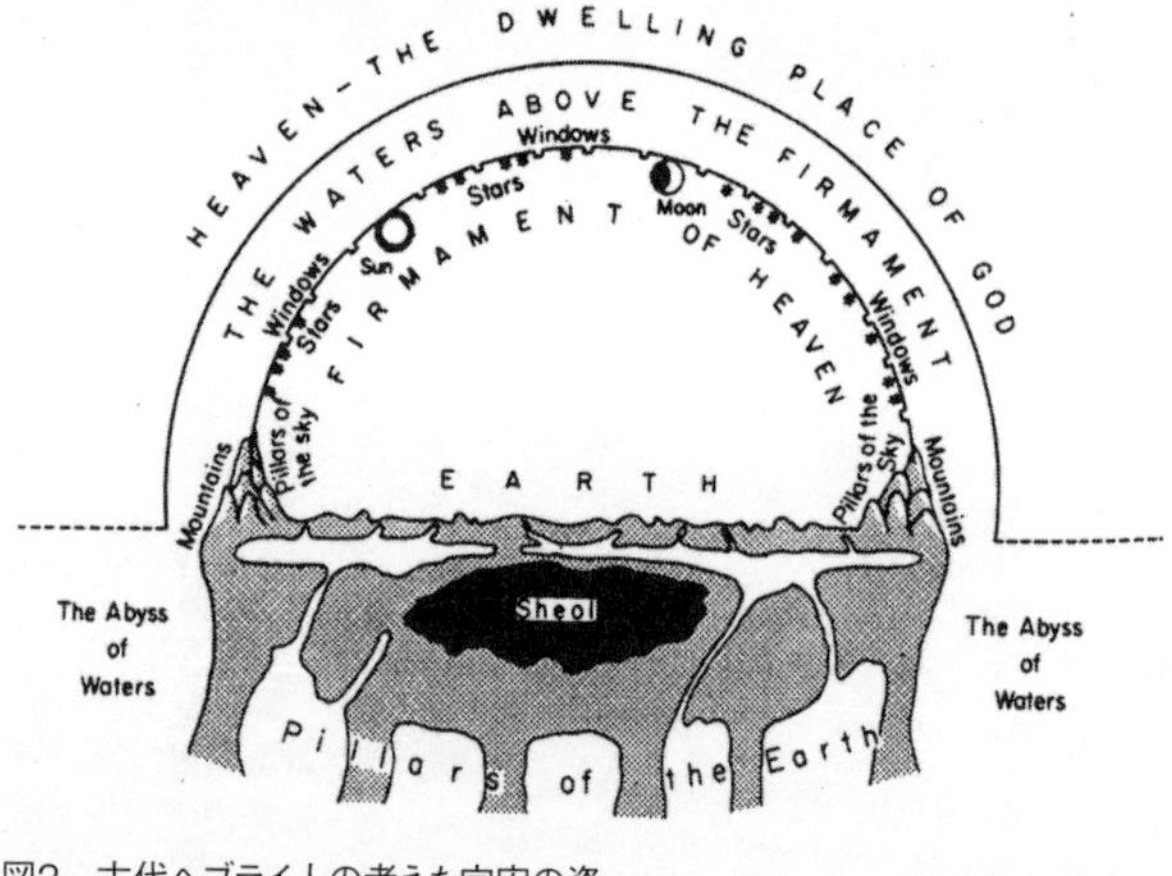

図2　古代ヘブライ人の考えた宇宙の姿

出典：James L. Christian, Philosophy: An Introduction to the Art of Wondering, 6th ed., Harcourt, 1994

図3　フラマリオン版画
出典：Camille Flammarion, L'Atmosphère: Météorologie Populaire, Paris, 1888

すね。

古代ヘブライ人は、平らな地球の上にドーム状の壁があり、天井から太陽や星がぶら下がっているような宇宙を考えました（図2）。面白いのは、地上の海（The Abyss of Waters「深淵の海」）が天空の上の海（The Waters Above The Firmament「天上の海」）につながっていると考えたところです。空から雨や雪が降ってくるということは、天にも水があるに違いないと考えたのです。

図3は有名なフラマリオン版画です。フラマリオンは19世紀から20世紀にかけて活躍したフランスの天文学者で、一般向けに天文学の本を書いて普及させようとしていました。その中に載せた版画で、「昔の人はこう考え

ていましたよ」と示していたのです。やはり、平面の地球にドームがかぶさっていますね。空のドームの向こうには何があるのか。仕組みを知りたいと思った人がドームの向こう側を覗いているという絵です。

私が何を言いたいかというと、かつての人類は地球が丸いということに気づかなかったということです。

昔の人はものを知らなかったのだなんて馬鹿にはできません。現代を生きる私たちにとっても、普段の生活では地面が丸みを帯びているなんて感じることはほぼありません。昔の人の交通手段や、移動できる距離から考えれば、この地球は平面だと考えるのもごく自然なことでしょう。

平面だとすると、果てはどうなっているのかが気になりますよね。この地は無限に続くのか、それとも果てがあるのか。果てがあるとしたら、そこはどうなっているのか。

今では地球は丸いことがわかっているので、大地の果てについての疑問は解決しています。いわゆる「地球球体説」です。実は地球球体説そのものは、紀元前の古代ギリシャまでさかのぼれます。月食のときに月に映る地球の影が常に丸いことなどから、あのアリストテレスも地球が球体であることを主張しています。

それでも地球球体説はすぐには浸透せず、それが実際に「体験」されるには、16世紀の大航海時代を待つ必要がありました。コロンブスの西廻り航路や、マゼランの世界一周がそれにあたります。

現代に残る地球平面説

ところで、現代でも「地球平面説」を信じている人たちが意外と多くいるのをご存じですか？「フラットアーサー（地球平面論者）」と呼ばれる人たちです。アメリカに多く、しかも驚くべきことに、近年その数を増しているのです。２０１７年からは、アメリカのノースカロライナ州で「フラットアース国際会議」なるものも開かれています。

現代まで地球平面説が残っているのは、今でもダーウィンの進化論を否定する人が多くいるように、原理主義的なキリスト教信仰が発端です。さらに近年増えているのは、陰謀論がミックスされたためであるようです。地球が丸いというのは「世界的な陰謀」だというのです。

実は私も、偶然にフラットアーサーと接する機会がありました。

以前、アメリカに出かけたとき、飛行機で隣になった人がフラットアーサーでした。「どんな仕事をしているの？」と聞かれたので「宇宙の研究をしている」と答えたら、「ちょっと待って。神が世界を創ったのよ」と話をし始めました。彼女は敬虔《けいけん》なクリスチャンで、神によるグランドデザインの話を延々とするのです。反論するのも面倒なので「オーケーオーケー」と言って聞いていましたけどね。いい暇つぶしになりました。

フラットアーサーはそれでいて、スマホも普通に利用するし、GPSの恩恵も享受しています。GPSなんて、地球が平面だったら成り立たないんですけどね……。

話は宇宙から逸れますが、日本人はアメリカと聞くと、ニューヨークやカリフォルニアを思い浮かべ、テックベンチャーを生むIT先進国をイメージしますが、今でも保守的な価値観やライフスタイルを維持する人も多くいます。たとえばアーミッシュと呼ばれる人々は、電気を使わない移民時代の生活を続けています。こうしたアメリカの「幅」は、日本でももっと知られるべきだと思います。

宇宙の形を知るには？

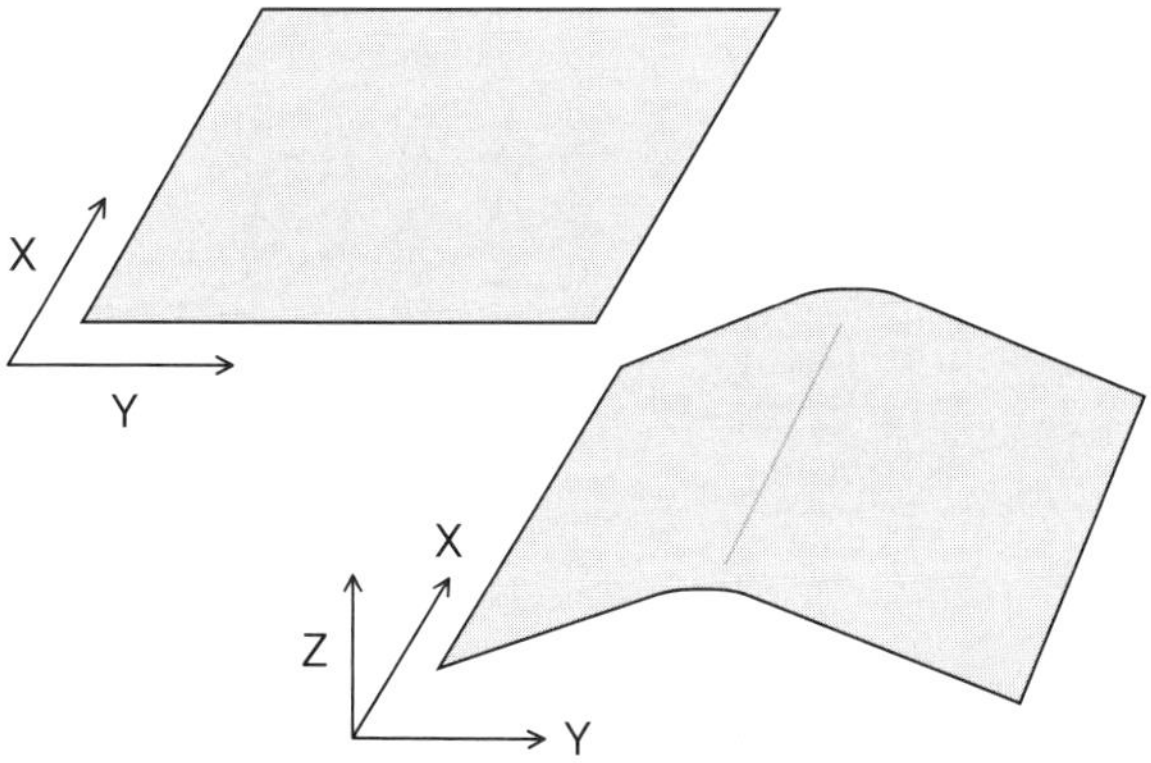

図4　紙を曲げるには、X軸・Y軸に垂直なZ軸方向に曲げるしかない。紙がどう曲がっているかを確認するには、曲がっていない場合も含めて、3次元空間を必要とする

さて、地球は丸いということは、体積は有限です。また、表面に立つ人間が一方向に進み続けたらもとの場所に戻って来ることになります。

それでは、宇宙はどうでしょうか。この宇宙は無限なのでしょうか。それとも、地球のように閉じた空間になっていて、有限なのでしょうか。頭の中で宇宙の形をイメージするには、次元をもう１つ加えて考えないと難しそうです。

次元をもう1つ加えるとはどういうことですか?

たとえば、紙があるとします。厚みを無視

するなら、紙は2次元です。で、この紙は曲がっているのか、それとも曲がっていないのか、あるいは曲がっているならどう曲がっているのか、地球のように球になって閉じているのか……つまり、紙はどんな形なのか。これを測るには、3次元空間が必要です。ほら、紙を曲げるなら、XY平面である紙に対して垂直な、3つ目の軸となるZ軸の方向に曲げなくてはいけないですよね（図4）。

紙の形状が理解できるのは、我々が3次元に住んでいるからです。しかし、もし2次元人がいたとしたら、イメージするのは難しいでしょう。数学を使えば2次元の中にいても曲がり方を知ることはできるのですが、「別の次元に曲がる」と言われてもピンと来ないはずです。

私たちが認識している宇宙は3次元の空間です。この宇宙を外から見た形を捉えるとき、この宇宙が曲がっているとすると、3次元とは別の次元に曲がっていることになりますが、3次元人である私たちにはイメージするのが難しいのです。

もし、4次元人がいたら宇宙の形を見ることができるのでしょうか？

そうですね。4次元人にはわかるのかもしれません。人間にはイメージするのが不可能……と思ってしまいますが、イメージできなくても、数学を使ってわかることがあります。我々研究者がイメージを摑むためによくやるのは、3次元から1つ抜いて2次元にしたうえで、まったく別の次元に曲がっていると考えるのです。Z軸を頭の中から取り去って、XY平面をイメージし、それを知らない方向に曲げる。

あのー、こんがらがってきたのですが、つまり宇宙空間は4次元ってことですか？

宇宙空間が4次元かどうかはわかりません。5次元という人もいるし、9次元とか10次元という人もいます。ただ、今の話では、4次元かどうかは関係ありません。3次元の宇宙が曲がっていることを頭の中でイメージするためには4つ目の方向が必要なのです。曲がっていて、たとえば3次元でいう球体のように閉じていれば、宇宙は有限ということになります。

なかなか言葉では伝わりにくいかもしれませんね。いったん、数学を使えばわかることがあると思っておいてください。宇宙の形についてはまたあらためてお話しするとして、

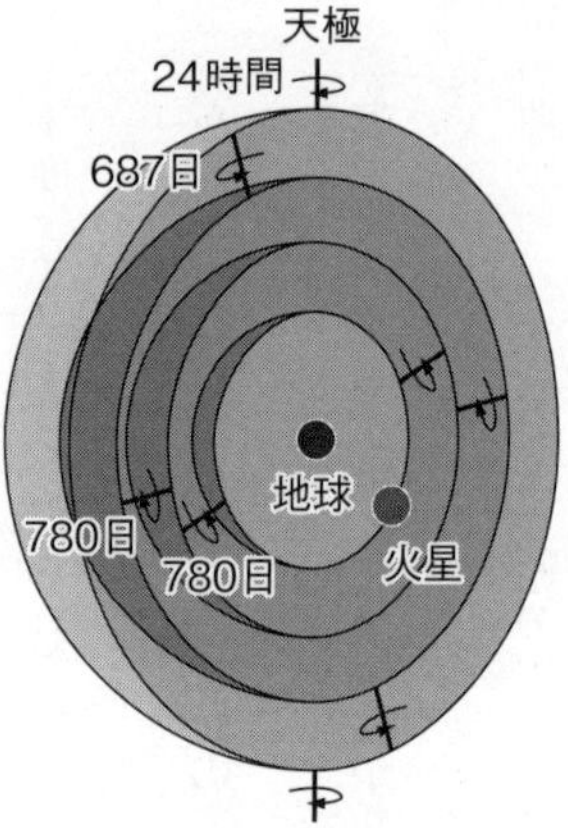

図5　エウドクソスの天動説。ここでは一番外側の恒星天球と、火星の運動に関わる天球のみを図示した

宇宙像の歴史の話に戻りましょう。

天動説から地動説へ

古代の宇宙像と現代の宇宙像で大きく違う点といえば、地球が平面か球体かという他に、天動説か地動説かということがあります。

地球を中心にして他の天体が周回しているという「天動説」は、紀元前4世紀、古代ギリシャの天文学者エウドクソスによってはじめて明確に提唱されたと言われています。

エウドクソスが考えたのは、地球が宇宙の真ん中に静止しており、その周囲に入れ子状に複数の天球があるというものです（図5）。一番外側の恒星天球には多くの恒星（太陽の

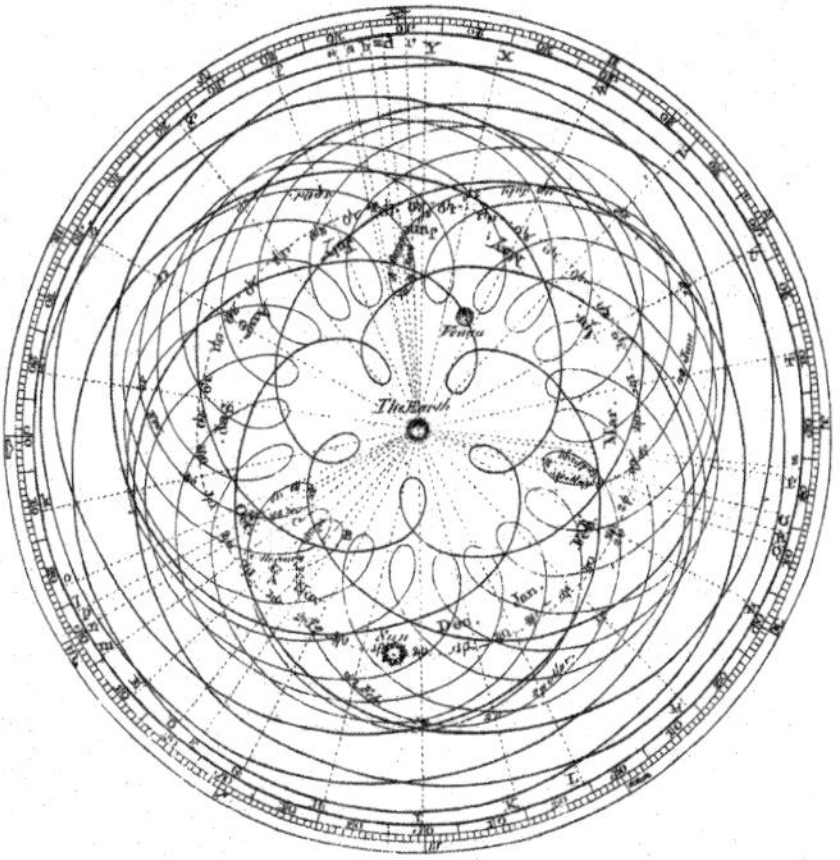

図6　複雑な円運動を組み合わせて天体の動きを説明する天動説の模式図
出典：Encyclopaedia Britannica (1st Edition, 1771; facsimile reprint 1971), Volume 1, Fig. 2 of Plate XL facing page 449.

ように自ら光り輝く星）が張り付いていて、1日に1回転します。その内側にある天球は隣り合う天球と回転できる軸でつながっていて、これで太陽や惑星の動きを説明しています。

その後、天動説を完成させたといえるのが、2世紀頃に活躍したプトレマイオスです。プトレマイオスは、周転円や離心円といったさまざまな円運動を組み合わせることで、天体の動きを説明できる精緻《せいち》な体系をまとめあげました。

図6を見ると、かなり複雑になっていますね。今ではわかっているように実際には地球が動いているにもかかわらず、あくまでも「地球が宇宙の中心であること」を譲らずに考え

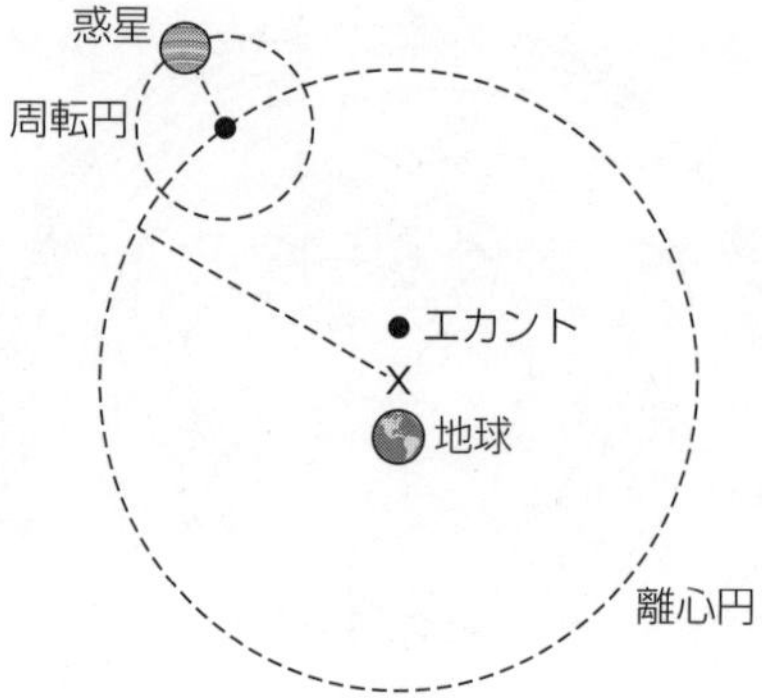

図7　プトレマイオスの天動説によれば、惑星は周転円（小さな円）に沿って回転しながら地球のまわりを回っている。周転円の中心はXを中心にした離心円（大きな円）に沿って動くが、Xは地球の中心とはズレている。また、周転円の中心はエカントと名づけられた点から見る角速度（角度/時間）が一定となるよう動く

るなら、いろいろ複雑な仕組みを入れなければならないのです。

たとえば「惑星の逆行」という現象があります。恒星は天球にへばりついた状態で少しずつ動いているかのように見えますが、惑星は違います。少しずつ位置を変えながら、あるときは逆行し、また順行に戻るといった不思議な動きをします。これは、単純に惑星が地球のまわりを回っているとすると起こりえません。そこで、「周転円」という小さな円を加えることによって解決しています（図7）。

プトレマイオスの体系を使えば、惑星の運動をかなり正確に表現できます。今でも、使おうと思えば使えるのです。複雑すぎて誰も使いませんが。

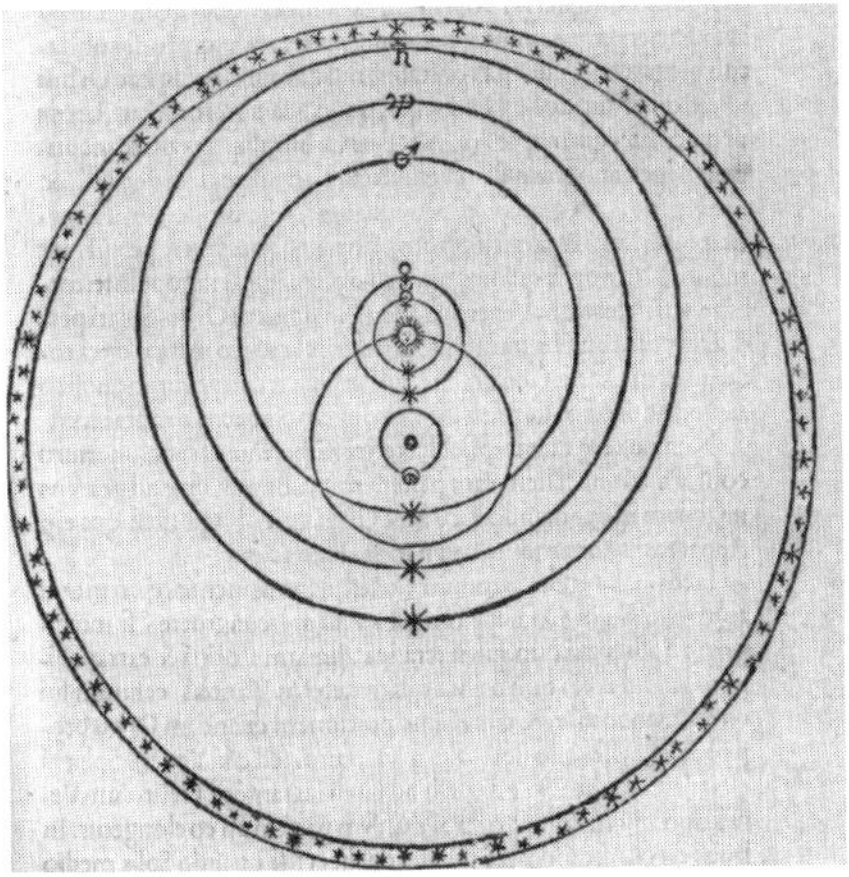

図8　ティコ・ブラーエの宇宙モデル
出典：Brahe, Tycho, De mundi aetherei recentioribus phaenomenis liber secundus, 1603

なお、ここでも一番外側にあるのは恒星天球という球面です（図6）。惑星の動きの説明には複雑な仕組みを導入しているものの、多くの恒星が張り付いた恒星天球は複雑なところがなく、1日1回転するだけ。それより外側がどうなっているかはわかりませんでした。

その後長らくプトレマイオスの天動説が支持され、使われてきました。新たな説を提示したのは16世紀の天文学者ティコ・ブラーエです（図8）。まだ望遠鏡がない時代ですが、ティコ・ブラーエはこれまでにない精度で天体観測を行い、「すべての惑星は太陽のまわりを回っている」と考えました。ただし、その太陽は地球のまわりを回っています。あくまでも宇宙の中心は地球です。それでもこれにより、惑星の運動はシンプルになりました。

ここまでわかったのなら太陽を中心にしてしまえばいいのに、と後世の私たちは思いますが、当時はそれだけ天動説、つまり地球中心説が常識だったのです。

実はティコの時代にはすでにコペルニクスが地動説を唱えていました。コペルニクスは1543年に発表した『天体の運行について』の中で、地球は太陽のまわりを1年間かけて回転しており、さらに1日1周自転していると述べています。

ただ、当時のキリスト教的世界観では、地球が宇宙の中心でなければなりません。聖職者でもあったコペルニクスは、自分の研究成果を公表するのは控えていました。公表すれば迫害されるのはわかっていましたから。死の直前に本を完成させましたが、その中では「こうやって考えるとシンプルで便利ですよ、これは数学的な話ですよ」というエクスキューズをしています。

実際、地動説で考えれば一気にシンプルになります（図9）。

ティコも、コペルニクスの地動説が数学的に優れていることを評価していました。しかし、どうしても地球中心説を捨てることができなかった。自分が立っているこの地球が動いていると思えなかったんです。

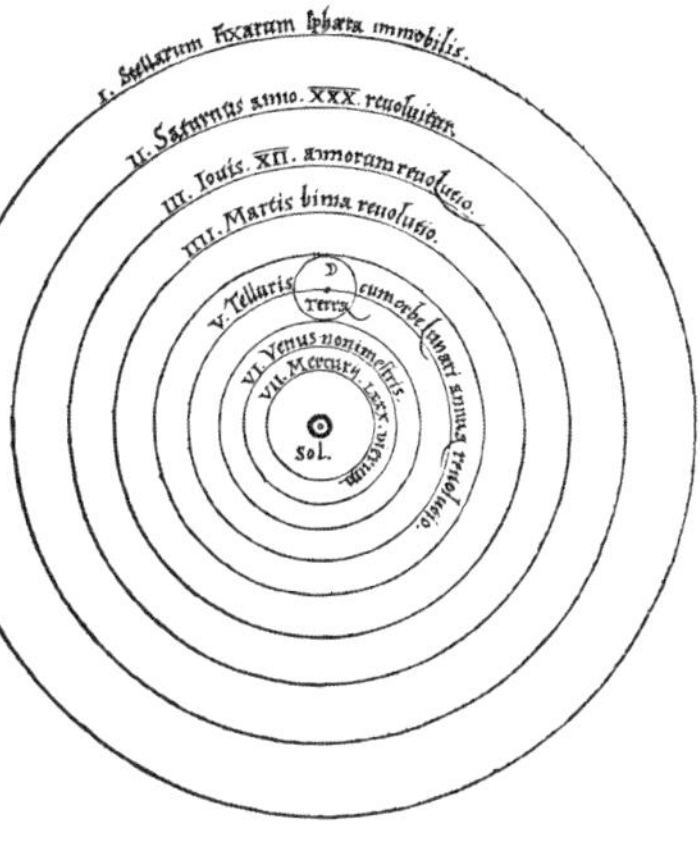

図9　コペルニクスの地動説モデル
出典：Nicolaus Copernicus, De revolutionibus orbium coelestium, 1543

ある意味で、天動説は「正しい」のです。地動説よりも天動説の方が見た目通りであり、私たちの主観・経験と合っています。普段、この地球が動いていることを実感することはありません。太陽は動いて見えます。理科の教科書でも、「太陽は東から昇り、西に沈む」と表現します。我々の価値観は、いまだ天動説から抜け出ていません。

でも、世界は見た目通りではありませんでした。人間の実感とは違っていたのであり、実感から抜け出たところに、シンプルな答えがありました。これは現代の宇宙論でも気をつけるべきことかもしれません。宇宙を見た目通りに理解しようとすると、いつまでたっても本来の姿にたどり着けないのではないかということです。

地動説が有利になった理由

コペルニクスの地動説はなかなか受け入れられませんでした。

その地動説が説得力を持つようになった背景の1つは、ヨハネス・ケプラーによる惑星の楕円軌道の発見です。それより前は、惑星は完全な円軌道で動くと考えられており、コペルニクスもこの考えを脱することはできませんでした。

ケプラーはティコ・ブラーエが遺《のこ》した膨大な観測データを受け継いで、「惑星の運動が楕円軌道を描いている」と仮定すれば数字が合うことに気づいたのです。これにより、地動説は天動説よりもはるかに単純で高精度なものとなりました。

また、ガリレオ・ガリレイが自作の望遠鏡で天体観測を始めたことにより、天文学は飛躍的に発展しました。ガリレオは木星に衛星があることを発見しましたが、これが地動説を有利にします。天動説では、円運動の中心は地球でなければなりません。しかし、木星を中心にして回転している星があったわけです。

また、金星が大きさを変えながら満ち欠けしていることも有力な証拠です。金星が地球よりも内側の軌道で太陽のまわりを回転しているから、この現象があるのです。

こうした観測結果から、ガリレオは地動説が正しいと確信します。そして一般の人にもわかりやすい形で『天文対話』という本に著《あらわ》しました。ただ、当時のカトリック教会は地動説を認めず、ガリレオは有罪判決を受けてしまいました。有名な話なのでみなさんご存じでしょう。

「それでも地球は動いている」と言ったんですよね？

それです。本当にそう言ったという証拠はないのですが、ガリレオが裁判で勝とうが負けようがそう思っていたというのは間違いないでしょう。

残念ながらガリレオは地動説を広めることを禁じられ、自宅軟禁状態でこの世を去ることになりました。しかし、『天文対話』はベストセラーとなり、そのことも手伝って地動説が支持されるようになっていったのです。

無限の宇宙を考えたブルーノ

天動説から地動説へと宇宙像の変遷を見てきました。まだ太陽系の外側は謎のままです。あまたの恒星が張り付いた天球の先がどうなっているのかわかりませんでした。しかし、ちゃんと考えていた人がいます。イタリアの哲学者、ジョルダノ・ブルーノです。

ブルーノは、コペルニクスの地動説を学び、哲学的な見地から自らの宇宙論を生み出しました。それは「宇宙は無限である」というものです。太陽系の外側にも同じような太陽があり、地球のような惑星があり、人が住んでいると考えました。それらが無限に広がっているのが宇宙だというのです。

現代につながる宇宙像です。

ところが、ブルーノはこの自説を主張したことで教会の逆鱗に触れました。地動説だけでも怒られるのに、神が創ったこの人間が特別な存在ではなく、他にも人間みたいなのが存在する可能性を言ったので、教会はそれはもうかんかんに怒りました。結局、ブルーノは火あぶりの刑に処せられます。1600年のことです。

ブルーノは科学者ではなかったので、彼の宇宙論は観測から導き出されたわけではありませんでした。言ってしまえば、想像です。根拠はありません。でも、実はおおむね正しいことを言っていたんですね。

地動説の証拠を見つける

では、太陽系の外にもたくさんの恒星があるという証拠を得るためにはどうしたらいいでしょうか。

遠くにある星が、天球ドームに張り付いているのではないのであれば、そして地球が動いているのであれば、星の相対的な位置は変わっていって見えるはずです。電車で移動しながら外の景色を見たとき、近くのものはどんどん流れるのに、遠くの山はあまり動いて見えないですよね。それと同じ現象が起こるはずなのです。

遠い恒星と比べ、近い恒星はより大きく動いて見えます（図10）。遠くにあるほど、見かけ上の動きは小さくなります。公転周期に合わせて見かけの位置が変わる――この現象を「年周視差」といい、視差の大小は角度であらわせます。

年周視差は、地球が太陽のまわりを公転しているからこそ起きる現象です。観測できたのであれば、地動説の証拠となります。そのため、多くの人が年周視差を探していました。

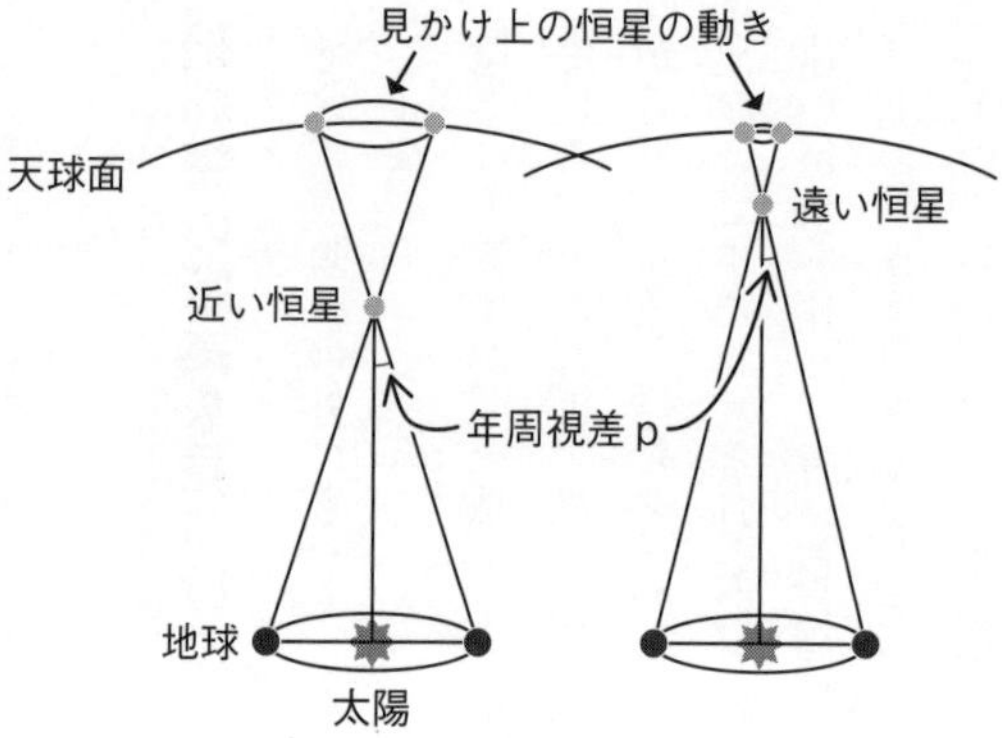

図10　年周視差。年周視差が大きいほど、地球から近い恒星ということになる。仮想的な球面（天球面）に地球から見た恒星が投影されて見えると考えると、地球が同じだけ公転した際、近い恒星の方が大きく動いて見える

しかし、年周視差はなかなか観測できませんでした。あまりにもわずかな角度なので、観測するのが難しかったのです。

ようやく年周視差が発見されたのは1838年のことです。ドイツの天文学者ベッセルが、はくちょう座61番星をターゲットとして観測をし、0・314秒角の年周視差を見つけました。1秒角という角度は3600分の1度ですから、とんでもなく小さい数字です。2㎞先にある粒子が3㎜動いたときの角度の変化とほぼ同じくらいです。

科学者たちが年周視差を探し求める営みの中で、実は別の発見がありました。「光行差」です。年周視差の発見より110年早い1727年、イギリスの天文学者ブラッドリーが

見つけました。

雨が降る中を走ると、雨は斜め前方から自分に向かって来るように見えますよね。雨粒は本当はまっすぐ下に落ちているのですが、見ている人が動いているので斜めに動いて見えます。同じように恒星から届く光も、地球が動いているためにズレて見えるのです。

光行差も地動説の証拠の1つですが、あらゆる星が同じように動いてしまうため決定的な証拠とは言えませんでした。

また、光行差を測定することで、光の速さを推定できるようになりましたが、恒星までの距離はわかりませんでした。年周視差の測定ができれば、三角測量の原理によって恒星までの距離がわかります。最初に視差が測定されたはくちょう座61番星までの距離を見積もると、約11光年。その後すぐに、こと座α星とケンタウルス座α星の年周視差も測定され、距離を導き出すとそれぞれ約25光年と約4光年でした。

これによって、太陽系の外にある恒星は天球に張り付いているのではなく、まちまちの距離にあることがはっきりしたのです。

地球に似た惑星もあるのか？

夜空を見上げると、数えきれないほどの恒星が輝いています。太陽のような星が、太陽系の外に数多くあるのです。それでは、太陽系の外に地球に似た惑星（系外惑星）は存在するのでしょうか。つまり、夜空に見える恒星も太陽と同じように惑星を持つのでしょうか。次に気になるのはそこです。

大型望遠鏡が作られるようになった20世紀から、多くの天文学者たちが惑星を探すようになります。でも、惑星は恒星と違って光らないし、小さい。直接観測するのは相当難しいので、さまざまな手法を開発しながら探しました。

はじめて系外惑星が見つかったのは１９９０年代。スイスの天文学者ミシェル・マイヨールと、彼のもとで学んでいたディディエ・ケローが、ペガスス座51番星ｂの発見をイギリスの学術誌『ネイチャー』で発表しました。彼らはこの功績で２０１９年にノーベル物理学賞を受賞しています。意外と最近のことなんです。

その後もいくつか系外惑星が見つかりましたが、研究をするにはもっと数がなければなりません。系外惑星の観測数が飛躍的に増えたのは、ＮＡＳＡが２００９年に打ち上げたケプラー探査機によってです。

燃料がなくなってミッションが終了する2018年までの9年半で、ケプラー探査機は膨大な量の観測データを残しています。現在確認されている系外惑星は5000個以上です。ほとんどの恒星は惑星を持っているようだということがわかってきました。

地球に似た惑星も見つかったんですか？

ハビタブルゾーンに存在する、地球サイズの惑星は20個ほど見つかっています。ハビタブルゾーンとは、生存可能な領域です。生命が存在するためには、液体の水が安定的にあること、温度が適度であることなどの条件を満たす必要があります。恒星に近すぎても遠すぎてもダメです。大きさも地球と大きく異なると、重力が強すぎたり弱すぎたりして活動ができません。

2019年に見つかった、ティーガーデン星の惑星2つのうち1つ「ティーガーデン星b」は、地球にかなり似ていると評価されています。水が存在できるハビタブルゾーンにあり、地球より少しだけ重い惑星です。

じゃあ、人間が暮らせるんですね。

理論上はそうですが……。ティーガーデン星bは地球から約12光年です。つまり、光の速さで移動しても12年かかることになります。実際にはそんなスピードで進むことはできません。

2019年には、惑星「K2－18b」に、太陽系外ではじめて水蒸気の存在が確認されたことがニュースになりました。海があるかどうかまではわかっていませんが、今のところ最有力候補だと言われています。このK2－18bは約124光年先、しし座の方向にある赤色矮星《わいせい》のまわりを公転している惑星です。光でも124年ですから、遠いです。

でも、いよいよ地球がダメになると思えば、何世代をかけてでも移住する人はいるのではないでしょうか。移住のためのテクノロジーは、私のような研究者だけでなく、NASAをはじめとする技術開発者の出番です。

恒星が無数にあるのになぜ夜空は暗いのか？

宇宙空間に星が無数に散らばっているのであれば、星々から届く光であふれ、夜でも明るくなりそうなものです。だって無数なのですから、それらの星々の光が重なり、無限の明るさになってもいいのではないか――そんな疑問が湧いてきます。ではなぜ、現実の夜は暗いのでしょうか。

夜は太陽の光が当たらないからと習った気がします。太陽の光が当たる半分が昼で、太陽の反対側が夜……え、違うんですか？

太陽が出ていない時間であっても、夜空には太陽のような恒星が無数にあるんですよ。仮に、明るく輝く星が無限に存在しているのだとしたら、どうですか。私たちの視界は、輝く星で埋め尽くされて、昼でも夜でも空一面が明るくなるはずなんです。

深い森の中にいることを想像するとわかりやすいでしょう。自分に近い位置から遠い位置まで、無数の木が生えています。木の壁によって、森の外を見通すことはできません。そんなイメージです。

近くにある星は明るく、遠くの星は暗く見えるはずですが、星の数は距離の二乗に比例して増えていきます。つまり、遠くなるほど、視界に入る星の数が増え、その分だけ明るくなる。それなら、どの方向を見ても夜空は明るくなくてはおかしいのです。

実はこの問題は長い間、科学者たちの頭を悩ませてきました。この謎に取り組んだ天文学者オルバースの名前から、「オルバースのパラドックス」と呼ばれています。

さて、どうやって解きましょうか。

まず「夜空は本来、光り輝いているべきだ」というとき、「宇宙は無限に広く、星の数は無限で、一様に分布している」ということを前提にしています。

オルバースがこのパラドックスを考えていた頃、「宇宙の広さも星の数も無限」と思われていたのは、星が1か所に集まっていないからです。質量のある物体同士は、引力で引き合いますから、星の数が有限だとすると、いずれ星々は1か所に集まってしまうはずです。そうなっていないのは、宇宙が無限で、星々が絶妙なバランスで均衡しながら、一様に分布しているからだろう、と思われていました。

そのうえで、オルバース自身はどう考えたか。オルバースは、「宇宙には何か不透明なものがあり、星々から放たれる光をさえぎっているのではないか」と考えていました。

確かに、宇宙空間には希薄なガスや、ちりがあります。「星間物質」です。星間物質の密度が高い場所では、確かに星の光がさえぎられてしまう。そのせいで暗く見える領域を「暗黒星雲」と呼びます。

でも、たとえ宇宙が星間物質で埋め尽くされていたとしても、無限の星から放たれた光により温められ、最終的には背後からの光と同程度の光を放つようになります。それに、実際は暗黒星雲がある場所のように不透明なのはごく一部で、宇宙空間のほとんどが透明です。残念ながら星間物質ではこのパラドックスを説明できません。

オルバース以外にも、このパラドックスを説明すべくさまざまな解答を出した科学者たちがいます。

1つ取り上げるなら、ヘルマン・ボンディが1952年に提示した赤方偏移《せきほうへんい》による説です。20世紀前半になって宇宙が膨張していることがわかると、それにともなって光の波長が引き延ばされていることもわかりました。これが「赤方偏移」です。

はるか遠くにある恒星から可視光線が放たれても、地球に届く頃には波長が伸びて、目に見えない赤外線や電波になってしまうというわけです。

ボンディの説は間違ってはいないのですが、それでもやはり、赤方偏移の効果だけではこんなに暗くはなりません。

宇宙には始まりがある

さあ、そろそろ答えへと移りましょう。オルバースのパラドックスを解決する説明は、「宇宙には始まりがある」です。一言でいうなら、そうなります。

最初にこのパラドックスを説明したのはウィリアム・トムソンだと言われています。実はトムソンは1901年に解答を出していたのですが、しばらくの間、注目されませんでした。

トムソンは、昔の宇宙には星がまったく輝いていない時代があったことや、地球から見渡せる宇宙の広さには限界があることなど、現代の宇宙像に近い姿を想像していたようです。そして、星には寿命があり、見える宇宙の範囲も限られているから夜空は暗いのだと説明していました。

オルバースが活躍していた頃は、宇宙には始まりも終わりもなく、星々ははるか昔からそこに輝いていると考えられていました。

ところが、それは違いました。赤方偏移の説明をしたときに少し触れましたが、1929年、アメリカの天文学者エドウィン・ハッブルが、宇宙が膨張している証拠を発見しました。宇宙が膨張しているということは、昔にさかのぼれば宇宙が1点に集まっていたはずです。つまり、宇宙には始まりがあるということになります。

現在では、宇宙が約138億年前に誕生したことがわかっています。

光のスピードは有限です。100光年先の恒星から現在の地球に届いた光は、100年前に放たれた光です。宇宙が誕生した約138億年前から現在までに、光が到達できる距離の範囲にある星の光しか、観測することができないのです。宇宙が無限かどうかはさておき、見通せる宇宙の広さは、少なくとも有限ということです。

ということは、時間が経つほど夜空は明るくなっていくのでしょうか？

膨張を無視すれば、より遠い恒星からの光が増えていくためそうなります。赤方偏移の効果は全体としては小さいので、単純に考えれば、時間が経つほど明るくなるとも考えられるでしょう。ただし、あまりにも時間が経ちすぎると、今度は近くに見えている星が燃え尽きて暗くなってしまいます。

アインシュタイン登場

光の速さの話が何度か出てきました。光の速さは秒速約30万km。地球から月までは2秒もかからずに到達できるスピードです。ものすごく速いですが、有限であるのがポイントです。宇宙の広さからすれば、遅いともいえます。

光は波の一種ですが、私たちが知っている他の波と違うのは、何もない真空中を伝わるということです。たとえば音は空気の濃淡が波として伝わるものですから、空気のない宇宙では音は聞こえません。SF作品では宇宙で銃の音がしたり爆発音がしたりしますが、実際は音が聞こえないのです。

しかし、光はほぼ真空に近い宇宙空間を伝わります。空間に物質がなくても伝わる特殊な波です。

そして、光の速さは観測者がどのような運動をしていようと常に一定です。アインシュタインはこれを「光速度不変の原理」として相対性理論の基本原理に入れました。

光の速さが常に一定とはどういうことでしょうか。

一般に、速さとは基準を決めなければ測ることができません。波がある方向に進んでいるとき、静止している人と、波と同じ方向へ移動している人、波と逆向きに移動している人とでは見かけ上の速さが変わります。波の速さと同じスピードで同じ方向に移動している人から見たら、波は止まって見えます。

電車で移動中、窓から別の電車が同じ方向に並走しているのを見たら、止まって見えることがありますよね。あるいはすれ違う電車はとても速く感じます。「観測者の動きによって速さが変わる」というのは経験上もそうですし、小学校の算数でも習うことです。

ところが、光の速さはそうではありません。光を追いかけながら測っても、遠ざかりながら測っても、同じ速度なのです。それまでの物理学の常識であったニュートン力学からすると、どうにもおかしなことになっている。それを「こうしたらいいよ」とあざやかに解決したのが、天才物理学者と呼び声の高いアインシュタインというわけです。

光の速度は一定で、時間と空間の方が人によって変わるのだと唱えたのです。

それまで、私たちには同じ時間が流れているし、空間も同じだというのが常識でした。アインシュタインはその常識を捨てて考えました。動いている人と止まっている人とでは時間も違うし空間のスケールも違うと考えれば、説明がつきます。時間や空間は誰にとっても共通のものではなく、相対的なものです。光のスピードは変わらず、時間や距離が変わるのです。

たとえば止まっている人からすると、動いている人の時間は相対的に遅く進んでいるように見えますし、長さは進行方向に向かって短く見えます。

相対性理論が本当だとわかる例

日常生活では、動くスピードが遅いのでそれを実感することはないでしょう。時間と空間は誰にとっても共通のものと考えて支障はありません。でも、光速に近くなると、アインシュタインの主張が正しいことがわかります。

加速器というのを聞いたことがあるでしょうか。加速器とは、粒子をすごい速さでぐるぐると動かす機械です。光速に近いスピードにまで加速すると、本来ならすぐに壊れてしまうような粒子が、長生きになります。光速に近い粒子の時間は、私たちよりも相対的に遅く進んでいるということです。ちなみに私が所属する高エネルギー加速器研究機構は、そんな実験をしているところです。

なぜそんなに加速できるんですか？

質量が小さいからです。電子などの粒子はものすごく軽いので、加速が簡単です。加速すればするほど光速に近づきます。もちろん光速を超えることはありません。いくらエネルギーを加えても、光速の99・9999…%の速さになるだけで、光速を超えることは絶対にありません。

アインシュタインによる世界で最も有名な方程式$E=mc^2$は、エネルギーと質量が対応していることを示しています。Eはエネルギーでmは質量、cは光速。エネルギーは、質量に光速の2乗をかけたものですから、小さな質量も大きなエネルギーに変換できることがわかります。

また、運動している物体は、その速さが光速に近づくほど見かけ上の質量が限りなく増大して、加速するのに莫大なエネルギーを必要とすることが導けます。加えたエネルギーが質量に変換され続けるからです。加速器の中の粒子も、質量が大きくなっていきます。もともとの質量が小さいので光速に近づけられますが、光速100%で移動するにはもとの質量がゼロでなければなりません。

それから、相対性理論が実生活に使われている例としてよくいわれるのがGPSです。GPSは人工衛星から来る電波を使って位置を割り出しているのですが、人工衛星は速く動いているため地上よりも時計がゆっくり進んでいます。これを調整しないと、GPSが示す現在地がすぐに実際の位置から何十mもズレてしまうのです。

重力の正体

時間と空間が「相対的」なものであるということの「特殊相対性理論」を、アインシュタインは1905年に発表しました。何が特殊なのかというと、この理論は「重力を無視している」ということです。重力を無視した特殊な環境において、時間の進み方や空間の大きさは観測者によって変わる相対的なものだとしました。

それから約10年経った1916年には、重力も合わせて統合的に説明する理論を築き上げました。これが「一般相対性理論」です。

アインシュタインは、重力の正体を解き明かそうと研究を続けていました。

距離が離れているのに、なぜ引っ張り合うのか。物が落ちるとはどういうことなのか。

そして、時空間の曲がりが重力の正体であることにたどり着きます。

それ以前、ニュートンの万有引力の法則では、2つの物体の間に引力が働くと考えられていました。しかし、「一般相対性理論」によると、時空間の曲がりを通じて物体に力が働いているのです。

どういうことでしょうか。

時空間が曲がっているところを想像するのは難しい(次元が曲がる姿を捉えるにはより高次の世界を考えなくてはいけないということを思い出してください)ので、次元を落として考えてみます。でこぼこがある平面をイメージしてみましょう。そこにボールを転がしてみます。すると、ボールはへこみに吸い込まれるように動いていきます。

今度は、まっすぐの平面をイメージしてみます。ただし、その平面は、とてもやわらかいゴムでできています。今、とても軽いピンポン玉のようなボールが載っています。少し離れたところにボウリング玉を置くと、ゴムがゆがんでボウリング玉は沈んでいきます。さらに、ボウリング玉によってできたくぼみに向かってピンポン玉が転がっていきます。最後にはピンポン玉はボウリング玉にぶつかってしまいました。

これはあくまでたとえ話なので正確な説明ではないのですが、とりあえずは、このボウリング玉とピンポン玉が、地球とリンゴだと理解してください。

質量の大きい物体があると、まわりの時空間が曲がります。すると、曲がった時空間の中にある別の物体は止まっていられなくなって、自然と動きます。直接力が働いているわけではないのですが、曲がった時空間のせいで力が働いているように見えます。これが重力の正体だというわけです。

時空間の曲がりによって動き出した物体は、まっすぐ進もうとするのですが、軌道が曲がってしまいます。

地球もまっすぐ進んでいるだけなのに、時空間が曲がっているので太陽のまわりをぐるぐる回ってしまうのです。

時間がゆがんでいる

先ほどのボウリング玉とピンポン玉のたとえ話だと、物が地球に落ちるのは空間のゆがみのせいだと思われがちですが、実はこれは、時間のゆがみの影響の方が大きいです。時間の進み方は、地球から見て上ほど速く、下ほど遅い。そういうところに物を置くと、自然と下に落ちることになります。

えっと……どういうことですか？

川の真ん中あたりの流れが速く、岸辺はゆっくり流れているとして、ボールを川に置くとどうなるでしょうか。ボールは流れの速い中央から遅い岸辺へと、押されるようにしてやってきます。最後にはボールは岸辺にたどり着きます。

冬の夜は遠くの音がよく聞こえるという現象があるのですが、これは地上と上空の温度差によるものです。音は気温が高いほど速く伝わり、気温が低いほどゆっくり伝わります。通常は地上が暖かく、上空が冷たいので音が上空へ逃げていくのですが、冬の時期に地上と上空の温度が逆転している場合、音の波が屈折して下に降りてくるんです。

川や音の例に似ていて、物体も時間の流れの速い方から遅い方へと移動します。地球に近ければ近いほど時間の進み方が遅くなります。大きな質量、大きなエネルギーのあるところに近いほど時間がゆっくりになるという性質があるのです。

空間もゆがんでいるんですよね。

時間と空間の両方がゆがんでいるのですが、地球上で物が落ちることについては明らかに時間の流れの差が効いています。

といっても、盆地で測った時間と富士山の頂上で測った時間を比べても、普通の時計では差がありません。ただ、最近はすごい時計があります。東大の香取研究室が割合にして10のマイナス18乗の差が測れる光格子時計を開発しました。これを数センチ上に上げるだけでも、時間の進み方が速くなっているのがわかります。

となると、タワマン上層階に住むより、下の方に住む方がいいんですかね？　上の方に住む人の方が早く歳を取るってことですよね。

経験する時間は同じなので、どっちがいいというわけでもないでしょうね。極端に重力の強い星に作った高層マンションを考えれば、上の方で1年経ったのに下の方ではまだ半年しか進んでいない、ということは起こります。でも、下の方に住んでいる人の1年が半年になったわけではありません。その人にとっては普通の半年です。相対的に、時間が速く流れている人と遅く流れている人ができて、時計が合わなくなるのです。

それより高層マンションより、もっと面白い例を考えてみましょう。

ブラックホールです。極端に小さい領域に大量の物質が凝縮した天体です。あまりにも質量が大きく、時空間のゆがみは尋常ではありません。飲み込まれれば光でさえ逃れることができません。

ブラックホールの表面では、時間が遅れるどころの騒ぎじゃなくなります。外から見れば、時間が止まっているように見えます。

宇宙飛行士が宇宙船に乗ってブラックホールに突っ込んでいくとしましょう。遠くからその様子を見ていると、宇宙船の動きはどんどん遅くなっていきます。スローモーションのように動いていた宇宙船は、ブラックホール表面まで行くとほとんど動かなくなります。時間が止まったかのように、ピタリと動きが止まってしまいます。いくら待っても、先に進みません。

ただ、これは外から見た話です。ブラックホールに突っ込んでいく宇宙飛行士本人の時間はいつも通りに進んでいます。逆に、まわりの世界が速く動いているように見えるのです。宇宙飛行士はブラックホールの表面を通り過ぎて、さらに内部に進みます。もう外部と交信することは一切できなくなりました。光も電波も外に出ることができないからです。ブラックホール内部のことは本人にしかわかりません。

では、この宇宙飛行士はブラックホール内部でどうなるのでしょうか。ブラックホールの中心部付近は重力の変化が激しく、体の場所ごとにかかる重力の差が大きくなりすぎます。足から突っ込んでいくとすると、体は縦に長く引き伸ばされ、横からは押しつぶされて細長くなってしまいます。これを「スパゲッティ化現象」と呼んでいます。

もちろん、こんな変化に耐えられる人間はいません。残念ながら体はバラバラになってしまうことでしょう。

無重力状態とは何か?

どうですか、重力の話は面白いでしょう。

待ってください。時空間のゆがみが重力を生み出すなら宇宙が無重力状態というのは

おかしくないですか？　星々が時空間をゆがめて、重力が発生してしまいませんか？

たとえば宇宙ステーションの中は無重力ですが、あれはプカプカ浮いているというより落下しているのです。宇宙ステーションが地球から離れて進もうとしても、時空間が曲がっているので地球に向かって落ちているんです。落ち続けてぐるぐる回っている。ジェットコースターやエレベーターで下に落ちていくとき、重力を感じなくなってフワフワすることがありますよね。体を支えるものと自分が同じスピードで落ちていくと、浮いている感じがします。

宇宙ステーションの中はそうなっています。確かに宇宙ステーションは時空間のゆがみに沿って落ちており、重力に引っ張られているわけですから、その意味では無重力ではありません。ただ、中にいる人は宇宙ステーションと一緒に落ちているので重力を感じません。こういうのを「無重力」と呼んでいるのです。

どこにも落ちない、無重力の場所とかないですか？　1回、そういうところに行って、誰にも邪魔されず、引っ張られずに過ごしたい……。

太陽系の中では太陽の方へ落ちていきますし、銀河系で見てもやはり中心に向かって落ちようとします。銀河系を出てずっと遠くに行けば、時空間のゆがみがほぼない場所もあるでしょう。ただ、ゆがみが小さいだけで、まったくゆがんでいないわけではないのです。

というわけで残念ですが、お望みの場所は見つからなさそうです。

第2講

宇宙の地平

そこから先は見えない「ホライズン」

前回、「宇宙像の広がり」と題しながら、最後の方では相対性理論の話に時間を割いてしまいました。まあ、宇宙をひも解くうえでは、大事な話だったので、よしとしましょう。

さて、宇宙は無限なのか。どんな形をしているのか。

今回はこの問題について考えてみましょう。

前回、宇宙には始まりがあり、誕生して138億年が経つということをお話ししました。最初は小さな宇宙だったものが急激に膨張して宇宙が広がりました。そして現在も膨張が続いています。

私たちは光を使って宇宙を「見る」ことができますが、宇宙が始まってからこの138億年の間に、光が進むことができる距離は138億光年です。

宇宙が膨張しているため実際の距離は引き延ばされ、もう少し大きくなります。それでも、約470億光年が限界です。つまり、私たちが観測できる宇宙の範囲は、どう頑張っても半径470億光年。そこが宇宙の「ホライズン」です。

地球上でも、海岸から向こうの海を見ると、そこから先が見えない「地平線」がありますよね。ホライズン（horizon）とは、地平線をあらわす英語です。宇宙にも、同じようにそこから先が見えないホライズンがあるのです。ただし、それは地平「線」ではなく、いわば地平面ですね。

宇宙の膨張の不思議

宇宙の年齢は、さまざまな観測と研究を積み重ねた結果たどり着いたのですが、簡単に言うと宇宙の膨張のスピードから割り出しました。

遠くの天体は、自分を中心にしてあらゆる方向に遠ざかっているように見えます。その遠ざかる速度を測って、現在の距離を割ります。何年前に自分とその天体が同じ位置にいたのか、さかのぼって考えるわけです。実際には速度が速くなったり遅くなったりするのでそう単純ではありませんが、それらも考慮に入れて138億年という数字が出ています。

私たちは、光の届く範囲しか観測できないんですよね。宇宙はそれよりもっと大きいということは、宇宙の膨張は光速より速いんですか？　前回の加速器の話だと、光速

を超えることはないみたいでしたが……。

遠くの方は光速より速いです。膨張宇宙では、距離に比例した速さで遠ざかっている。2倍の距離にある天体は2倍の速さで遠ざかります。遠くになればなるほど速度が増すので、必ずどこかで光速を超えてしまいます。

光のスピードを超えるなんて、おかしいのではと思う人もいるでしょう。光速より速いものはないと教わっていますからね。でも、それは物体の話です。空間そのものの膨張は光速より速くても何も問題ないんです。

光速を超えて向こうへ行ってしまったものは、もう観測できません。光がこちらに届きませんから。

もし、宇宙の膨張より光速の方が速かったら、全部観測できるわけですか？

そうですよ。私たちは膨張スピードが光速を超えていないところだけを見ているわけです。私たちが観測できる宇宙の外側がどうなっているかはわかりません。どうやったって見ることができないのです。

ただ、観測できる宇宙はどこも一様になっています。そこから推測すれば、観測できる宇宙の外側が急に違うものにはなっていないだろう、観測範囲の外側にも同じような宇宙が広がっているのではないか、と考えられます。

変な質問かもしれないですけど……。宇宙が膨張しているのに、地球が膨張しないのはどうしてですか？　宇宙膨張に合わせて人間も膨張したりしませんか？

それはくっついているからです。くっついているものは膨張しません。私たちの体は、原子・分子でできています。化学結合でしっかりくっついているものを、引きはがすような力は宇宙膨張にはありません。仮に、ものすごい速さで膨張していたら私たちも膨張するでしょうが、現実の膨張はゆっくりです。

たとえば、何の力も働かない場所に限りなく小さな質量の粒子を1m離して置いたとします。宇宙膨張の力で、この粒子が離れるのは1年間に150億分の1mくらいのものです。

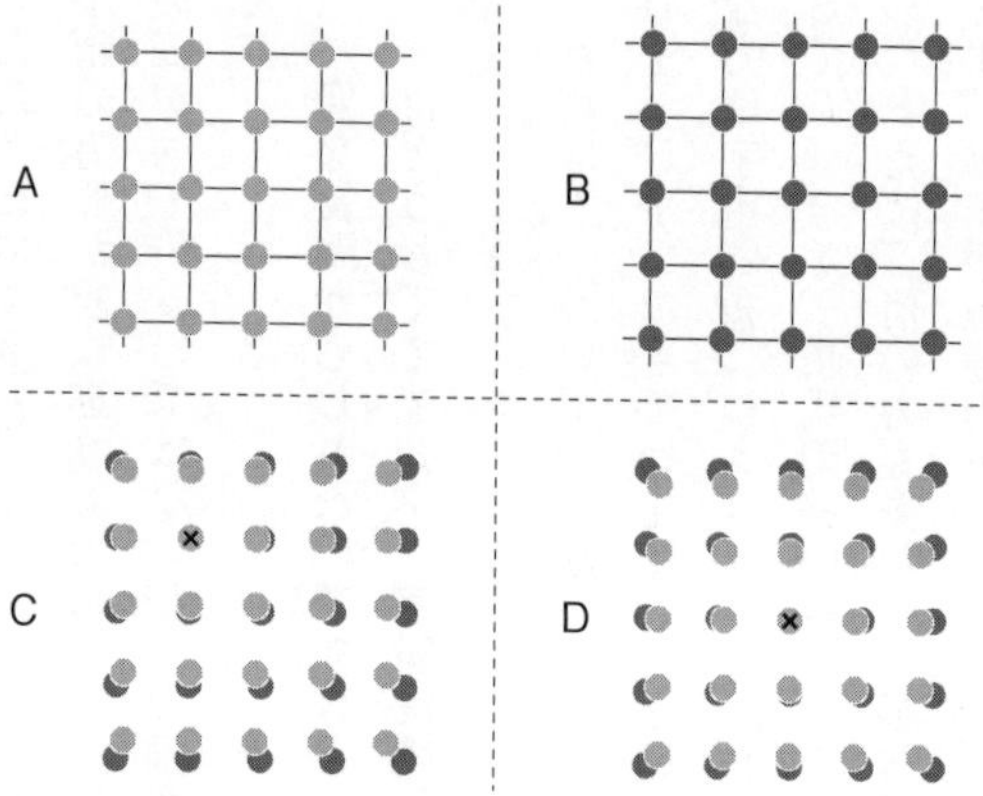

図11　AからBに膨張したとする。CとDは、AとBについて、それぞれ異なる点を中心として重ねたもの。どこから見ても自分を中心にすべてが遠ざかって見える

膨張の中心はどこなのですか？　天動説の時代じゃあるまいし、地球じゃないですよね。

自分のいる場所を中心にして宇宙が膨張しているように見えるというだけで、そこが宇宙の中心ではありません。遠くの天体にいる人から見ても、自分を中心に膨張しているように見えます。ですから、中心はないともいえるし、すべてが中心だともいえます。

２次元に置きかえて考えてみます（図11）。どの点から見ても他の点が離れていきます。どの点が中心というわけでもありません。また、確かに遠くの点ほどより大きく遠ざかって見えるのがわかります。

宇宙の「晴れ上がり」

さて、少し話を戻しましょう。宇宙に「始まり」があることがわかると、いろいろなことが気になります。

どうやって始まったのか。

宇宙が始まる前はどうなっていたのか。

始まりがあるなら終わりもあるのか。

疑問は尽きません。

昔の宇宙については、実は私たちはある程度まで直接的に見ることができます。というのも、広大な宇宙の中では距離と時間が対応しています。今見ている1億光年離れた星の光、それは1億年前の光です。1億年かけてやってきたわけですからね。より遠くを見ることは、より過去の宇宙を見ることに等しいのです。

しかし、残念ながら、宇宙の始まった瞬間のことはどうやっても見ることができません。宇宙が生まれてから37万年頃までは、光がまっすぐに進めない時代です。宇宙は電磁波で埋め尽くされ、ウヨウヨしている電子にぶつかってしまうからです。それが、37万年経って電子が原子に取り込まれるようになると、ぶつからなくなって、急にまっすぐ進めるようになりました。これを「宇宙の晴れ上がり」と呼んでいます。

なぜ、原子にはぶつからないんですか？

光は、プラスやマイナスの粒子にはよく反応しますが、原子は中性だからです。ごく近くに行けばプラスとマイナスに分かれているために反応することがありますが、遠ければ気にしません。素通りできます。

電子はマイナスです。電子がウヨウヨしていると、すぐに反応してバンバンぶつかってしまうのです。プラスの陽子にも反応しますが、軽い電子の方がはるかに反応しやすくなります。

ともあれ、現在、観測できるのは37万歳以降の宇宙ということです。宇宙は１３８億前に生まれたのですから、かなり若い、生まれたての頃の宇宙が確認できるといっていいでしょう。

37万歳の宇宙は光り輝いていました。３０００℃くらいで、白熱電球と同じ明るさです。

すごく明るいですね。その後、宇宙が膨張するにつれ温度が下がっていきます。空間が伸びるとともに波長も伸ばされて、温度も明るさも変わるんです。

逆に、37万歳よりもっとさかのぼっていくと光の波長が短くなってしまい、紫外線になって見えなくなります。光に満ちあふれてはいるのですが、もしそこに人間がいたとしても最も輝いている波長成分は肉眼には見えません。

宇宙マイクロ波背景放射

さて、宇宙が37万歳のときに出た電波が観測できています。

宇宙マイクロ波背景放射です。マイクロ波とは電磁波の一種で、波長帯が電子レンジで使われているものと似ています。そのマイクロ波が宇宙全体からやってきているのですが、夜空に見える星よりもずっと向こうからやってくるので「背景放射」と言います。

宇宙マイクロ波背景放射を地球で観測すると、どの方向でもだいたい同じ温度です。約3K《ケルビン》。宇宙の晴れ上がりの頃は3500Kだったものが、宇宙の膨張で引き延ばされて温度が下がっています。

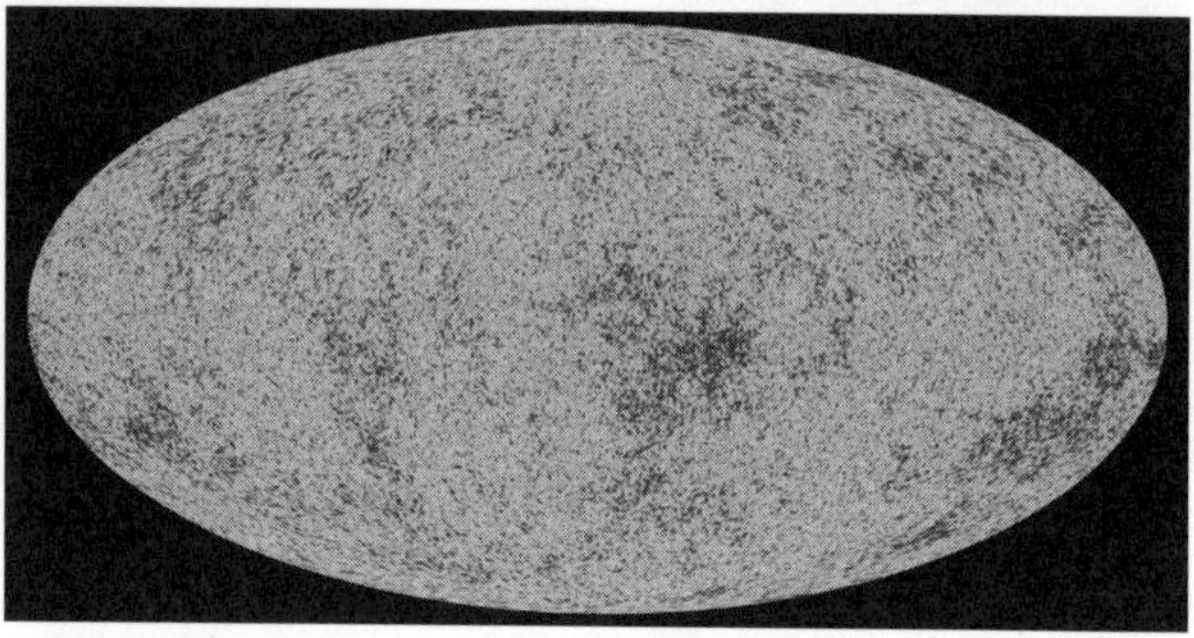

図12　観測衛星Planckによる宇宙マイクロ波背景放射マップ（2013）
Credit：European Space Agency, Planck Collaboration

どこもだいたい同じ温度だということは、昔の宇宙がどこもほぼ同じ状態だったということです。もしも大きなデコボコがある宇宙なら、温度にも差があるはずです。

ただ、完全に均一ではありません。場所によってわずかに差があります。そのゆらぎを表現したのが図12です。色の濃いところ、薄いところがありますね。本来は10万分の1K程度のゆらぎを、わかりやすく色付けしています。

この温度ゆらぎがはじめて見つかったのは、1992年、私が大学院生の頃でした。もっと解像度が粗く、ボケボケの状態でしたが、この発見に世界は大騒ぎだったんです（図13上）。

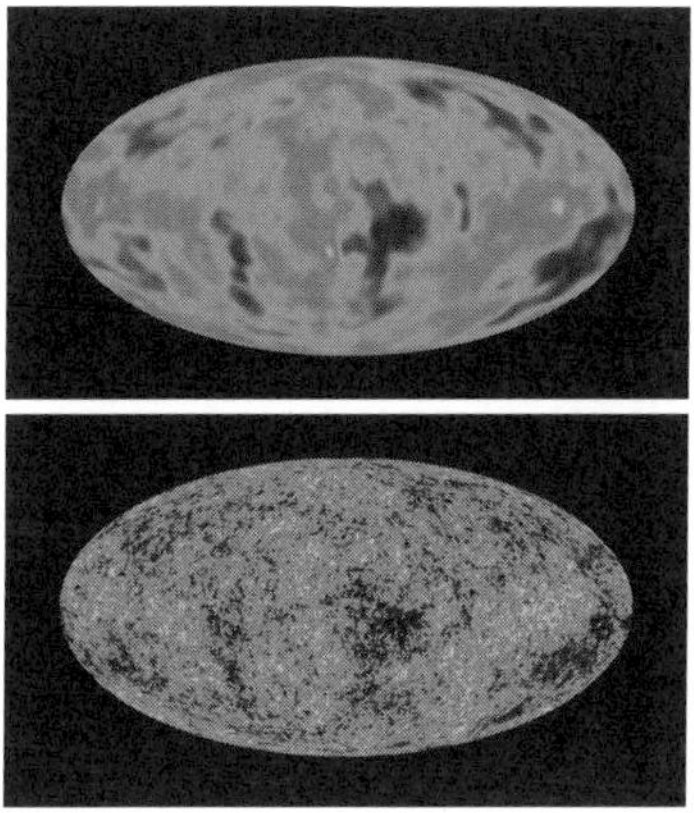

図13　Planck 以前の宇宙マイクロ波背景放射マップ。上はCOBE（1992）、下はWMAP（2003）
Credit：NASA/COBE, WMAP Science team

当時、私は大学院で素粒子の研究をしていました。宇宙の研究ではなかったんですね。でも、もともと広い意味で宇宙に興味がありました。この世界はどうやってできているんだろうという疑問が出発点だったんです。それで、素粒子の方向に進んでいたのですが、宇宙マイクロ波背景放射の温度ゆらぎが見つかったことが後押しになり、宇宙の研究にシフトしていきました。個人的にもそれぐらいインパクトのあった「事件」でした。

もし、昔の宇宙が完全に一様で、ゆらぎがなかったのであれば、現在の宇宙も完全に一様であるはずです。しかし、現在の宇宙には星や銀河があります。銀河が集まった銀河団、さらに大きな超銀河団などが存在しています。

一方で、それらがないところもあります。この完全に一様ではない宇宙の構造は、ゆらぎが生み出しています。

ほんの小さなゆらぎですが、そのほんの小さなゆらぎが重要なのです。このゆらぎがなければ、星も銀河も生まれず、私たちが存在することはなかったでしょう。

星はどのようにできたのか？

宇宙が生まれたばかりの頃は、まだ星は存在していませんでした。あったのは、光、原子、ダークマター。この3つがあらゆるところに、ほぼ一様に散らばっていました。一定の密度で散らばっていたけれども、ほんの少しゆらぎがありました。ちょっとだけ密度の濃いところ、薄いところがある。すると、その密度の濃いところに、まわりからものが集まってきます。重力によって引っ張られるからです。

まず、ダークマターが集まります。

ダークマターは正体不明の物質です。原子でもなく光でもありません。光はダークマターを素通りしてしまうし、ダークマターは光を出さないので目で見ることができません。

けれど、重力だけは持っているのです。ダークマターが集まっていると、物質が引っ張られます。

どうしても見ることができないので、最初は科学者の間でも「そんなものが本当にあるのか」と怪しまれていました。でも、ダークマターがあるとすると宇宙の性質が説明できるし、ないとすると説明できません。観測により、存在証拠も複数見つかりました。現在は「ダークマターはある」のが前提になっています。

とくに最近では、ダークマターが宇宙全体にどのように分布しているのかということが調べられるようになっています。一般相対性理論により、重力のある場所で時空間がゆがみ、光の進路が曲げられるという事実を利用して調べるのです。これを「重力レンズ効果」と呼びます。

ダークマターが集まる場所では、その背後にある銀河の像がゆがんで見えます。このゆがみを詳細に観察して解析することにより、どのくらいの量のダークマターがあるのかを推定できるんです。

――星の作られ方の話でしたね。

最初は何もなかった宇宙ですが、まず、密度の高いところにダークマターが集まって塊《かたまり》になります。1つの天体みたいに……って、見えないので何ともいえませんが、とにかく塊ができる。

するとと、原子など物質がそこに引っ張られて集まります。ギュギュギュっと集まって小さくなります。ダークマターは集まってもそれ以上小さくなれませんが、原子は小さくなれます。それは光と相互作用するかどうかの違いです。光と相互作用すると、光を放出して、広がろうとする力を打ち消し、小さくなれるのです。原子にはある光との相互作用が、ダークマターにはありません。

ダークマターがぼやっと広がった真ん中に、原子がギューっと集まって小さくなっていき、あまりにも密度が高くなると核融合反応が起きます。そのとき、エネルギーをぶわーっと出して輝くのです。これが星です。

このように、星ができるより先にダークマターが集まり、ダークマターにより星ができました。今度は星同士が引っ張り合うことで銀河ができます。

銀河の形成にもダークマターが絡んでいます。ダークマターの塊の中に星が集まって、回転しているのが銀河です。銀河の回転の様子を調べることで銀河中にどのように質量が分布しているのか見積もると、銀河の円盤のずっと外側まで質量が広がっていることがわ

図14　天の川銀河
Credit：NASA/JPL-Caltech/R. Hurt (SSC/Caltech)

かりました。

私たちがいるのは天の川銀河ですが、この天の川銀河のまわりにも、ダークマターが広く存在しているんです。

銀河、銀河団、超銀河団

天の川銀河は、比較的大きな銀河の1つです。私たちが夜空で見る天の川は、内部から見た姿です。直径を見積もると10万光年以上。中心部分が太った楕円形をしていて、円盤状の部分は渦巻模様が広がっています（図14）。このタイプは「渦巻銀河」と呼ばれ、宇宙にはたくさんあります。「銀河」と聞くと、このタイプをイメージする人が多いのではと思います。

他にも、渦巻状の模様を持たない楕円形の「楕円銀河」も宇宙には多くあります。「渦巻銀河」とも「楕円銀河」ともいえない、中間のような形は「レンズ状銀河」です。決まった形を持たない「不規則銀河」もあります。

いずれのタイプであっても、銀河は群れ集まる性質を持ちます。重力が働くからです。銀河同士も引っ張り合って集まってくるので、銀河の団体さんができます。50個から数千個の銀河が集まると「銀河団」になります。その銀河団同士も引っ張り合うので、さらに大きな「超銀河団」が作られつつあります。大きいものほど移動に時間がかかりますから、超銀河団ほどのとてつもないものは、まだ発生の途中という感じです。

銀河の未来とダークエネルギー

将来、超銀河団は完全に形成されるのでしょうか。

実は、膨張のスピードが速くなっているため、これ以上は集まれず「銀河団で打ち止めだろう」と考えられています。

膨張スピードを速めているのは、ダークエネルギーだと考えられています。ダークエネルギーとは正体不明のエネルギーで、集まったりすることなく宇宙空間に均一に存在するものです。

以前は、宇宙の膨張は徐々に遅くなると考えられていました。星がお互いに引き合う重力に支配され、宇宙膨張は減速するはず、という推測です。

しかし、1980年代の終わり頃から、宇宙の膨張が加速している兆しがあることが指摘されるようになってきました。ただ、観測によって加速膨張を証明するまでにはなかなか至りませんでした。

実際に見つかったと発表されたのは1998年および1999年のことです。2つの異なるチームが遠方で起きる超新星爆発を観測・解析するという手法で、どちらも同じように宇宙が加速膨張していることを示しました。このことは宇宙論の学者だけでなく、物理学の学者たちをも驚かせました。これまでの物理理論では説明できないことが起きているわけです。

ちなみに私もまだ遠方超新星爆発の解析結果が出るより前の1990年代半ばに、加速膨張を伴う宇宙モデルについて研究していました。当時はダークエネルギーという言葉はありませんでしたが、宇宙を広げようとする力を持つ何らかのエネルギーがあるはずだというアイデアはアインシュタインの頃から出ていたのです。ですから、宇宙の加速膨張が証明されたときは驚くというより「やはりそうだったか」と感じました。

膨張スピードを速めるのは、普通の物質には無理です。加速膨張を説明するには、正体不明のダークエネルギーの存在を考えるしかありません。そうしないとつじつまが合いません。

ダークエネルギーは宇宙全体のエネルギーの68%ほどを占めると考えられています。というのも、宇宙マイクロ波背景放射の温度ゆらぎを解析して、宇宙に存在するはずの総エネルギー量を調べることができています。宇宙全体に全部でこのくらいの量のエネルギーがないとおかしいというのがわかるんです。

ここで、アインシュタインの方程式$E=mc^2$で明らかになったように、質量とエネルギーは本質的には同じです。宇宙中の元素を質量エネルギーに変換してみると、宇宙に存在するはずの総エネルギー量の5%にしかならないのです。残りの95%がダークマターとダークエネルギーです。正体不明の物質、ダークマターを観測と理論によって見積もると27%ほどになります。残りの68%がダークエネルギーというわけです。

ダークエネルギーは空間あたりのエネルギー量が一定です。空間が増えれば、その体積に比例してエネルギー量が増えます。つまり、宇宙が膨張すれば、ダークエネルギーも増える。それによって膨張を加速させているのです。

計算結果によれば、宇宙の膨張が減速から加速に転じたのはおよそ50億年前ということもわかっています。そこからどんどん加速しているわけです。

宇宙の将来にはいくつかの異なる可能性がありえますが、その中には際限なく加速していって、遠い将来には銀河同士が引きはがされてしまい、銀河団はバラバラになってしまう可能性もわずかながらあります。

銀河団がバラバラになった次は、銀河がバラバラになって……。最終的に星もバラバラになりますか?

その前に星の寿命が来るので、それはなさそうです。燃え尽きちゃうのが先です。

星の欠片でできている

恒星は核融合で光っているわけですが、いずれ燃料を使い果たします。

まず、水素がなくなってヘリウムばかりになります。すると今度はヘリウムが核融合を起こす。そうやって炭素や酸素などの重い元素を作り出し、最終的に鉄までいきます。鉄は核融合を起こしても、エネルギーを出してくれません。鉄から先は核融合できず、終わりになります。ただ、燃料が尽き果てて核融合ができなくなっても温度が高いので、残り火のようなものでしばらくは光っています。さらに温度が下がっていくと、真っ黒い塊になります。

質量の重い星は鉄までいきますが、軽い星は途中で核融合を停止します。エネルギーを放出しないけれどもボヤーっと光っている、終末期の天体。白色矮星と呼ばれていますね。太陽も比較的軽い星なので、将来は白色矮星になるでしょう。

質量の重い星は、最終的につぶれてしまいます。みずからの重力に耐えられなくなり、爆発します。超新星爆発です。

爆発すると、鉄や炭素を放出します。爆発時のエネルギーが巨大なので、鉄より先の貴

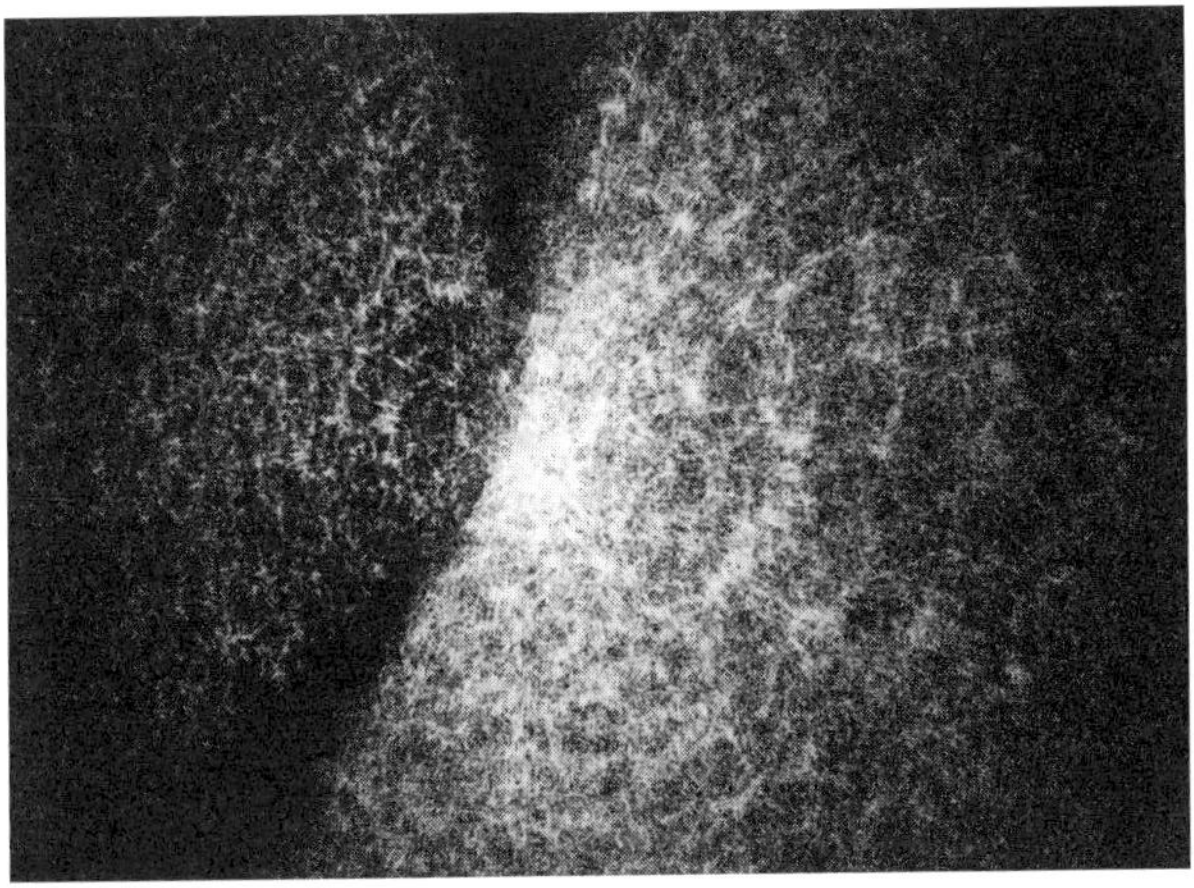

図15　宇宙の大規模構造（SDSS）
Credit：SDSS, 4D2U Project, NAOJ

金属も一緒に作ってくれます。超新星爆発によって、さまざまな元素が宇宙空間に充満するんです。

地球があるのは、超新星爆発があったおかげですね。太陽よりずっと重い星が最後に爆発を起こし、炭素などの元素をばらまいてくれたおかげで、それがもう一度集まって地球ができたのです。

私たちの体の中にも炭素がありますが、これはかつてどこかの星の中にあったはずです。そうでなければ宇宙空間に炭素はないですから。

「私たちは星の欠片《かけら》でできている」という言葉がありますが、実際、そうなんです。この体の中の炭素が「何百億年前は、どこどこの星の中にいた」と覚えていたら、と考えると面白いですね。

宇宙の大規模構造

数億光年のスケールでこの宇宙を見ると、銀河が集まっているところとそうでないところが確認できます。「宇宙の大規模構造」です。

図15は、私も参加した国際プロジェクト「スローン・ディジタル・スカイ・サーベイ（SDSS）」によって得られた宇宙の大規模構造です。中心が私たちの天の川銀河で、外に行くほど遠い宇宙です。

図で縦方向に入っている切れ込みのように明らかに黒い部分は、天の川銀河自身の影になってしまうなどの理由で観測されていない部分です。また、遠方ほど暗くなっていますが、これは遠方の暗い銀河が観測されてないからです。

実際は、天の川銀河周辺と同様の構造がずっと先まで広がっていると考えられます。

宇宙は有限か無限か？

宇宙マイクロ波背景放射の温度ゆらぎの話から、ゆらぎによって生まれてきた宇宙の構造の話をしてきました。

一方で、10万分の1K程度のゆらぎしかないということは、大きなスケールで考えると宇宙はどこも同じような姿をしているということでもあります。観測範囲は「ホライズン」より内側に限られているものの、その範囲の先にも私たちと同じような構造の宇宙が続いていると予想することができるわけです。

ただしそれはあくまで予想や推測であって、確かなことではありません。ものすごく広い運動場かなんかのグラウンドに、半径1mしか見えない子どもがいたとします。今の人類って、その子どもなんですよ。半径1m、どこもかしこもグラウンドだから、見えてないところもグラウンドが続いているのだろうと推測しているだけという、そういうレベルです。

もしかしたら目の前の1mのすぐ先でグラウンドが終わっていて、今度は大きな校舎があるかもしれません。あるいは、グラウンドはグラウンドなんだけど、遊具が置いてあるかもしれません。つまり、私たちの推測に反して、宇宙の構造がホライズンの外では変わっているという可能性もあるんです。

グラウンドは、半径２ｍの有限かもしれないし、無限に続いているかもしれない。観測限界のホライズンがある以上、宇宙が無限か有限か、確かなことはいえないということです。

目に見える世界を一般化してしまうというのは、人間の性《さが》なのかもしれません。

第3講

ミクロの世界へ

量子力学の登場

宇宙とは何かを探るのに、避けて通れないのが量子力学です。宇宙はどうやってできたのか。物質はどうやって生まれたのか。始まりは、ミクロの世界です。原子や素粒子の振る舞いについて調べる必要があるのです。素粒子とは、クォークや電子など物質を構成する最小単位のことです。

今回は、量子力学についてざっくり理解して、宇宙創成の話に進みたいと思います。量子力学は、原子や電子といったミクロの世界での力学を記述する学問です。

それに対して、量子力学が登場する前の力学を古典力学と呼んでいます。ニュートンが万有引力の法則を発見し、近代物理学の規範を作りました。その後、マクスウェルが電磁気現象を扱う法則を整理しました。当時知られていた力は重力と電磁気力だけだったので、これにより世界のあらゆる現象を説明できると思われました。物理学は完成したのではないかと思われていたんです。

しかし、1900年前後になると、古典力学で説明できないおかしな現象が確認され始めました。技術が進んで、ミクロの世界について実験できるようになってきたからです。

小さいものにだって、大きいものの力学がそのまま通用するだろうと思っていたのに、うまくいきません。これはどういうことなんだ、とみんな頭を悩ませました。そして新しく出てきた力学が量子力学ということになります。英語では「quantum mechanics」。クオンタムというのは量子、粒々という意味です。

これを完成された学問としていったん提示したのは、ドイツの理論物理学者ハイゼンベルク。1925年のことです。量子力学はここ100年くらいの学問なのです。

量子論という言葉も聞きます。量子力学とはどう違うんですか？

「学」は、完成されたイメージなんです。物理学、古典力学とか。「論」がつくと、まだ完成される前段階で、いろいろみんなでアイデアを出し合って、理論を深めていくような、そういうイメージなんですよ。だから量子論というのは、未知の世界と既知の世界との境目を、うろうろしている、そういうダイナミックなイメージがあるんです。

だから最先端研究になると、量子力学っていう完成された体系から一歩出て、もうちょっとオープンに、量子論という言い方になる。昔は、量子力学自体が、量子論だったんですよ。昔は完成されてなかったから、みんながああでもないこうでもないとやりあっていた。今はある程度、量子力学は完成されています。

光は粒子か波か？

量子力学の重大なトピックの1つは、「粒子と波動の二重性」です。

粒子か、波か。

光が「粒子か波か」というのは、はるか昔から議論になっていました。古代ギリシャでは、多くの科学者が「光は粒子だ」と仮定する一方で、アリストテレスが「光は波だ」と言っていたようです。あのニュートンは「光は粒子だ」と主張しており、同時期に「光は波だ」と言っていたホイヘンスと反対の立場を取っていました。何世紀にもわたって謎だったのです。

ちょ、ちょっと待ってください。そもそも、粒子と波って？

粒子は、まあ、粒です。とても小さいボールだと考えてください。投げると、ボール自体が飛んでいきます。

波は、振動が伝わっていく広がりです。たとえば、水面の波をイメージしてみてください。あるところが揺れて、今度はその隣が揺れて、またその隣が揺れて……というように振動が伝わっていくじゃないですか。ボールのように、そのもの自体が物体として移動しているわけではないですよね。

金属に光を当てると、電子が飛び出してくる現象があります。光電効果と言います。光のエネルギーが、金属の原子から電子を引き離し、電子が外に飛び出るんです。

光が波であった場合、電子を飛び出させるほどにならないはずです。ところが、同じエネルギーであっても、粒がバチっとぶつかって押すなら電子が飛び出しやすくなります。ビリヤードみたいに、球が球をはじき出すイメージですね。

となると、光は粒でしょうか。一方で、粒では説明がつかない現象もあります。

たとえば、「波の干渉」という現象です。波には山と谷がありますね。複数の波の山が合わさると波の高さが大きくなります。逆に、山と谷で打ち消し合うとゼロになります。

言葉で説明するよりも、図で見てもらった方がイメージしやすいでしょう。

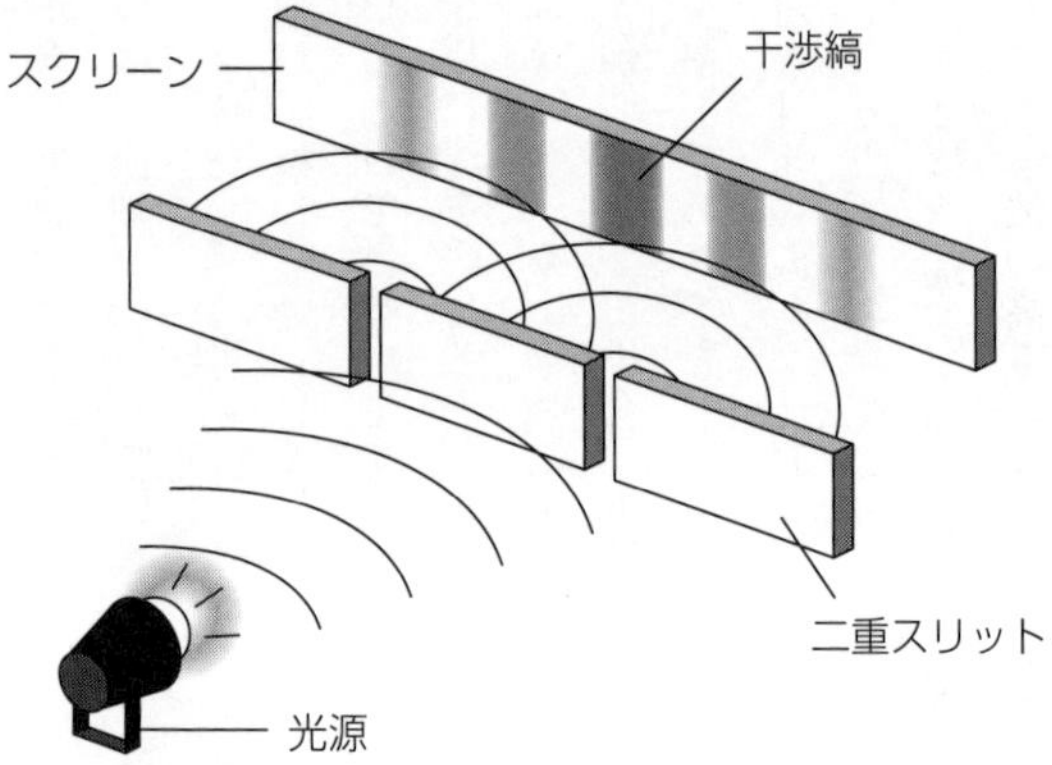

図16　光の干渉縞

図16のように、二重スリットを通してスクリーンに光を投影します。そうすると、スクリーンに「干渉縞」という縞模様ができるんです。2方向から波が来ているため、波の強め合った部分は明るくなり、波が弱め合った部分は暗くなるからです。これは完全に波の性質であって、粒なら図17のようになるはずです。

ここで取り上げた2つの現象だけによって結論されたわけではないのですが、結局、「光は波でもあり、粒でもある」という、非常にわかりにくいことになってしまいました。

光は、あくまで例です。光に限らず、ミクロな世界では粒子が波の性質も持つのです。

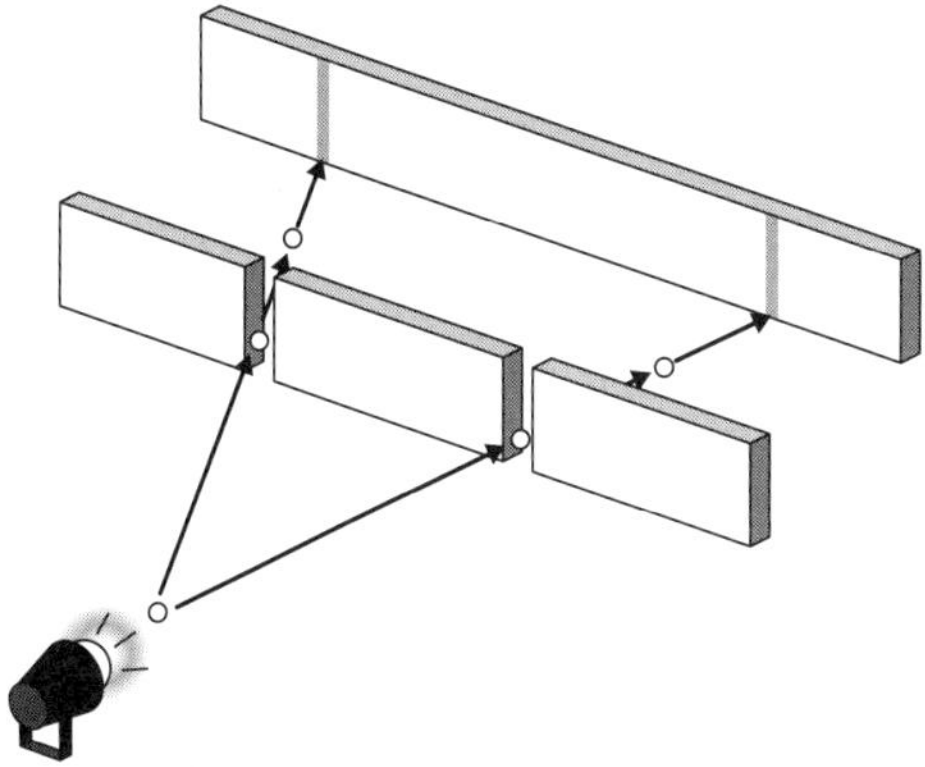

図17　光が粒子なら、まっすぐ進むため、干渉縞はできずに2本の線のみが投影されるはず

プランク定数

古典力学は、イメージと現象がぴったり合っているからわかりやすかった。ところが、量子力学はイメージできません。「波でありつつ粒である」というのは日常の実感にはないことなので、数学的な計算によって現象を説明するほかありません。

「いや、もっとちゃんとイメージしやすい説明があるはずだ!」と、頑張って理論を作ろうとした人はたくさんいました。でも、ことごとく失敗です。実は、アインシュタインもその1人です。アインシュタインは量子力学を生んだキーマンの1人ですが、その曖昧《あいまい》さにどうにも納得がいかなかったんです。

古典力学は間違っていた……？

いや、古典力学は、現在も有用な力学です。確かに、量子力学はミクロの世界のみならず、すべてに通じているというのは科学者たちが感じていることです。だからといって、大きなものの運動を量子力学で説明するのは複雑すぎて現実的ではないんです。たとえば新幹線の動きを量子力学で説明するなんて、ナンセンスです。古典力学で考えた方がはるかにいい。

粒子を増やしていくと、つまり大きい物体になると、徐々に波の性質が薄れていって、量子力学で説明するような現象はほとんど見えなくなっていくんです。

どこまでが量子力学で、どこからが古典力学と明確に区切りがあるわけではありません。ただ、その境目にはちゃんと数字が与えられています。プランク定数です。プランク定数は、光の粒子が持つエネルギーと振動数の比例定数として説明されます。光の粒子を「光子《こうし》」と呼びますが、光子のエネルギーは振動数と比例関係にあるのです。何のことかよくわからないかもしれませんが、ここではいったん、そういう定数があるのだと思ってください。

プランク定数は量子力学を特徴づける基本的な定数で、量子力学の計算ではよく使われます。

このプランク定数を、粒子の質量と速さで割った値をド・ブロイ波長といいます。質量がゼロでない粒子について、これくらいより小さい世界の振る舞いは量子力学で記述しないといけない、ということです。普通に投げた野球のボールのような大きなものを考えると、そのド・ブロイ波長は10のマイナス34乗mというとんでもない短さで、人間にはとても測ることはできません。

電子はどこにあるのか?

ともあれ、ミクロの世界では、古典力学はまったく使えません。もう考え方からして違っていて、「電子がここにありますよ」という記述すら、間違っています。

原子は、原子核と電子で構成されていると、学校で習いました。

図18の左の図が、学校の教科書に載っているような原子モデルです。でも、これはわかりやすく描いただけで、誤解を恐れず言ってしまえば嘘ですね。電子は右の図のように、

ぼやーっと広がっちゃっています。なぜなら、波の性質を持つからです。粒と違って、波って場所がよくわからない。それと一緒なのです。

でもたとえば水素なら電子が1個みたいに、数はわかるわけですよね。

そうです。数は数えられます。なのに、場所はわからない。これがもうみんな、それこそ物理学者から何からもうみんな、わけがわからなくなってしまい、「そんなバカなことがあるのか」みたいなことを散々議論したわけです。しかし実際そうなのだから、最終的に「もうこれを受け入れるしかないよね」というのが、量子力学なのです。

科学者たちでもそうなら、聞いている私がよくわからないのは当たり前ですね……。場所はわからないって、どういうことなんでしょう?

位置がない、というのが正しいです。位置がわからない、のではなく。位置があって、それを知らない、というわけではないのです。変な言い方ですが、「神様はどこにあるか

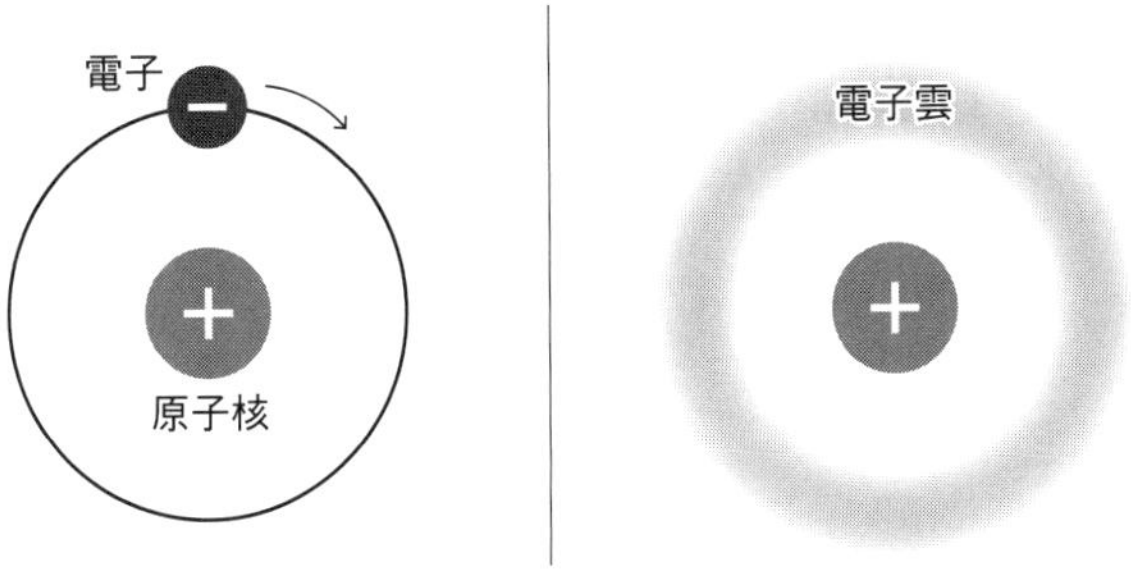

図18　原子モデルとして、簡便化のためによく示される左の図は誤り。右の電子雲のイメージのように、電子がどこにあるかは不確定である

知っている」ということですらないんです。神様もどこにあるかを決めることはできない、ということなんです。だから、誰にも決められない。

どこにあるかなって観測できないんですか？

観測すると、1か所に決まるんです。でも、観測する前からそこにあった、という考えが、成り立たない。この次、1ミリ秒後にどこに行くかはわからない。つまり位置が決まると速さがわからなくなってしまうという性質を持っています。どこに向かって動いているのかが決まらなくなるのです。

逆に、どこに向かって動いているかを観測することはできます。この場合、こっちに向かって動いている、とわかるのですが、そうすると今度は今どこにあるかわかりません。

電子雲というのは、電子がその位置に存在する確率が雲のように広がっているということです。

電子がどの位置にありやすいか、どれだけの速さを持ちやすいかという確率は、「波動関数」であらわされます。波動関数は、オーストリアの物理学者シュレーディンガーが発表した方程式により求めることができます。

シュレーディンガーは、粒子が持つ波の性質を数学的にあらわす方程式を探し当て、量子力学を発展させました。

ただ、方程式を見つけた当初は、その「波動関数」が何をあらわしているのかわかりませんでした。「確率をあらわしているのだ」という解釈をしたのはマックス・ボルンという理論物理学者です。いつ、どこで、粒子が見つかりやすいかを教えてくれる関数なのだということです。

しかし、逆に言うと、確率しかわからないというのが、奇妙に感じます。

古典力学では、理論に基づいて物体の運動を確実に予言することができます。ところが、量子力学では、確率的に予言することしかできません。あるのは波動関数という確率の波だけ。それも、位置や速さがはっきりとあらわされるわけではなく、どの位置にありやすいか、どれだけの速さを持ちやすいかという漠然《ばくぜん》とした情報です。

ただ、人間が観測した瞬間に、複数あった可能性が1つの結果に決まります。たとえば電子の位置の確率は雲のように広がっていたのに、測定した瞬間に、見つかった位置の確率が1となり他の位置にある確率が0になります。

シュレーディンガーの猫

シュレーディンガーの名前は、「シュレーディンガーの猫」という有名な思考実験で一般に知られています。非常に難しい話ではありますが、なるべく簡単に説明してみましょう。

量子力学の世界では、すべては確率的なものであって、人間が観測した瞬間に1つの結果が決まるということがわかりました。これを世界全体に広げてみると、実はすべてのものが複数の結果が重ね合わさった状態にあり、人間が「見る」ことによって1つの確定した世界だけを選び取ってしまうのだと考えることができます。

人間の意識が測定値を判断するまでは、複数の結果が共存して重ね合わさっている状態なのだ。数学者のジョン・フォン・ノイマンや、物理学者のユージン・ウィグナーはそのように考えました。

そこで出てくるのが「シュレーディンガーの猫」です。シュレーディンガーは、彼らの考え方に対して「いや、それは変じゃないか？」と言うために、こんな思考実験を例として挙げました。

ラジウムなどの「放射性元素」は、放っておくと放射線を出して崩壊し、別の元素に変わってしまうという性質があります。いつそれが起こるのかは量子力学的な確率に左右されるため正確に予言できません。これを使って、ある装置を作ります。放射性元素から出た放射線を検出したときに毒ガスが出るよう設定した箱です。そこに猫を入れます。

箱を開けてみるまで、猫が生きているのか死んでいるのかわかりません。この装置をセットして一定時間を置いたときに、放射性元素が崩壊している確率、つまり毒ガスが出ている確率が50％だったとしましょう。

人間が見ることで1つの結果に決まるが、見なければ複数の結果が重ね合わさった状態であるなら、箱を開けるまで猫の生死も決まった状態にないということになります。生きている猫と死んでいる猫が重なり合っていて、箱を開けて見た瞬間にどちらかに決まるわけです。

「そんなおかしなことがあるだろうか？」というのが、シュレーディンガーが言いたかったことです。

私たちの常識に照らして考えたら、そんなことはありえないと言いたくなりますね。箱を開ける前からそこには、死んだ猫か生きた猫のどちらかがいるわけです。死んだ猫と生きた猫の重ね合わせだなんて！　しかし、量子力学的な解釈では確かにそうなります。どっちなのでしょうか。

電子だったらいいんです。目に見えないミクロの世界の話なら、直感とズレていても別に構わない。でも、猫となると、直感と合わないことがどうしても気になります。

ただ、2023年になって、肉眼でギリギリ見えるサイズでの実験が成功したと報じられました。スイス連邦工科大学の実験では、原子を1京個集めた塊を量子的な重ね合わせ状態にできたというのです。

それなら、猫のような大きさでも確かに量子力学的な重ね合わせが起きるのではないか。

そう考えることも、間違いではありません。

重ね合わせ状態は、どのように確認するのですか？

波の干渉効果を見つけるようなことをします。原子の塊ですから粒ですが、同時に波であることを確かめるんです。昔は、原子を10個、１００個と増やしていけば、重ね合わせなんて実現できないのではないかと思われていました。しかし、そうではないことが最近わかったわけです。

さすがに猫が波の性質を持っているかどうかというのは、現在の技術では調べることができません。でも、原理的には持っていても不思議ではありません。粒子の数を増やしていったとき、どこかで突然、量子力学が当てはまらなくなるというのもおかしいでしょう。粒子が集まるほど波の性質が見えにくくなってしまうだけだと考えられます。

なんだかスピリチュアルですね。

いいえ、科学の話です。ただ、量子力学は私たちの常識を超えているので、そう感じる人も多いでしょうね。生死の重ね合わせ状態なんて、確かにスピリチュアルな響きがあります。実際、スピリチュアルな理論として量子力学を語る人もいます。「量子力学的願望実現」とか。もちろん、科学的に根拠のない話です。

不思議な量子もつれ

さらに不思議な話をしましょうか。

そもそも力は、普通は接触しなければ伝わりません。万有引力は時空間のゆがみで伝わる力なので、見かけ上は「離れているのに伝わる力」のように感じますが、時空間を見れば接触しています。そして、力も情報も、伝わるスピードはどう頑張っても光速を超えることはできません。

ところが、何かの情報が遠く離れた場所に一瞬で伝わったらどう思いますか。テレパシーだとかサイコキネシスだとか、超能力のように感じませんか。これも、スピリチュアル方面に量子力学が悪用されてしまう1つの理由なのでしょう。

まず、粒子を2つに分裂させます。ちょっと抽象的な言い方になりますが、粒子には「上向き」「下向き」という状態があると思ってください。粒子を分裂させたとき、片方が「上向き」なら、もう片方は「下向き」というように、必ず逆の値を取るようにします。その状態で分裂させた粒子を、はるか遠く離れた場所に置きます。

片方の粒子が「上向き」か「下向き」かは、観測するまでわかりません。観測前の、重ね合わせの状態ですね。それが、片方を観測した瞬間にどちらかに決まります。同時に、はるか遠くにあるもう片方の粒子が逆向きであることが決まるのです。

そんなことは、他の物理法則ではありえません。

この不思議な現象を言い出したのはアインシュタインなのですが、彼自身「そんなことはありえない」と否定する立場を取りました。量子力学に基づくとこんなにおかしなことがある。だから、量子力学は間違っていると言っていたんです。この現象は量子論の「不気味な遠隔作用」と言われ、評判が良くありませんでした。

以前は実験して確かめることが難しかったのですが、近年、確かめられるようになっています。実際には、間違っていたのはアインシュタインで、量子力学が正しかったということがわかりました。

ちょっと待ってください。それってそんなに不思議な現象なんですか？　だって、こっちが上なら向こうは下って、最初からそういう設定なんですよね。情報が光速を超えて伝わっているわけではないと思うのですが。

古典力学的に考えれば、当たり前ですよね。たとえば、赤と黒の玉があって、2つの箱にそれぞれ1つずつ入れました。そして、2つの箱を遠く離して置きます。Aの箱には赤と黒のどちらの玉が入っているのかわかりません。Aの箱を開けて見たときに「黒」だったら、遠くにあるBの箱に入っているのは「赤」です。これは別に、瞬時に情報を伝えているわけではなく、元々そうだっただけです。

これと同じなら、何も疑問はないんですけどね。ただ、量子力学の場合は粒子が重ね合わせ状態なので不思議なんです。

上向きか下向きかというのは、知らないのではなく決まっていません。こっち側も重ね合わせ状態なら、向こう側も重ね合わせ状態。それが、こっちを観測した瞬間に向こう側も逆向きに決まるのです。向こう側は観測しなくても決まります。光のスピードを超えて、情報が伝わっているように見えるんです。これを「量子もつれ」と呼びます。ただし、一見そう見えているだけで、量子もつれにおいて光のスピードを超えて本当に意味のある情報を伝えることはできないことも知られています。

2022年のノーベル物理学賞は、この「量子もつれ」の研究者であるフランスのアラン・アスペ、アメリカのジョン・クラウザー、オーストリアのアントン・ツァイリンガーの3人が受賞しました。「量子もつれ」の現象を実験で確かめて正しさを証明するとともに、この効果を利用して情報を伝える「量子テレポーテーション」の実験によって、量子情報科学の分野を開拓したことが評価されました。

なお、「量子もつれ」を実験で確かめる方法を思いついたのは、北アイルランドの物理学者ジョン・スチュワート・ベルです。1990年に62歳で亡くなってしまったのですが、生きていたらノーベル物理学賞を受賞していたはずです。

ベルは実験物理学者なので、量子論を考えるというのは趣味でやっていたことでした。1960年代、70年代頃、量子論の基礎研究は虐《しいた》げられていたんです。確かに粒子は奇妙な振る舞いをするけれど、その意味をいくら考えても得るものがない、これまでさんざんやってもムダだったから、という雰囲気があったんですね。

まあ、最近でもそういうところはありました。学生が「量子論の基礎について勉強したいです」と言ったら、「何も得るものがないから、やめておけ」と言われました。量子情報理論の研究も進んでいる今では、頭ごなしにそう言われることは減っていると思いたいですが。

ベルは、量子論の基礎を研究していることを公に言うとバカにされるから、普段は堅実に素粒子の実験をし、夜に家に帰ってから趣味的に研究を進め、論文を書いたんです。それでみんな驚いたんです。量子もつれを実験で確かめられることに。

残念ながらベルは亡くなってしまいましたが、ベルが遺したものを引き継いで、見事に実験が成功したのですから喜ばしいですね。科学はいつもそうやって前に進んでいます。

量子コンピュータとは？

今、世界中で研究開発が進められているのが「量子コンピュータ」です。みなさんもニュースなどで聞いたことがありますよね。

今使われている「古典コンピュータ」は、0か1かの2進法の演算を組み合わせ、繰り返すことで高速に処理しているものです。それに対し、量子コンピュータは0か1かではなく、「0でもあり1でもある」という重ね合わせ状態で計算するんです。「重ね合わせ」や「量子もつれ」といった量子力学の現象を利用して、古典コンピュータでは膨大な時間がかかってしまうような計算を短い時間で行おうとしています。ものすごいブレイクスルーが起きる可能性があるので、期待されています。

もちろん、非常に小さいものを扱うわけですから、そう簡単ではありません。これまでの技術ではほとんどできませんでした。でも、今は技術レベルが上がって、ついにできそうなラインに来ているんです。まだ実用化はできていませんが、近い将来、量子コンピュータのおかげで生活が変わるかもしれません。

量子論なしでは語れない「宇宙の始まり」

この講義のテーマは、「宇宙とは何か」でした。量子力学について少しわかってきたところで、宇宙の話につなげましょう。

現在の宇宙は途方もなく大きいですが、昔は小さかったという話はしましたね。ごく原初的な宇宙では、小さな空間に物質がギュッと押し込められていて、粒子同士が頻繁に相互作用します。それはもちろん、量子力学で記述されます。

もっとさかのぼると、宇宙全体がミクロの世界になります。量子力学で宇宙全体が記述されるというところまで考えられています。

さらに極限までさかのぼって、宇宙はどうやって生まれたのかを考えてみます。

時間も空間もない「無」から突然ポコっと宇宙が生まれるなんて、古典力学ではありえません。しかし、量子力学は、位置や速さが決まらない性質を持っており、曖昧模糊《もこ》としています。確率的なゆらぎから時空間が生まれるようなメカニズムを持っているんです。実験できないので理論的予想でしかありませんが、宇宙は量子的効果で生まれたという説があります。

無からの宇宙創成論を、物理学者のビレンキンが唱えたのは１９８２年のことです。「ビレンキン仮説」と呼ばれ、有名になりました。

ところで、無とは何でしょう。

物質が何もないのは当然として、時間も空間もない状態です。宇宙が始まる前はどうなっていたのか、と考えたくなりますが、「無」には時間が流れていないわけですから、そういう問題は関係ないのです。「始まり」とか「〜の前」というのは時間があってこその概念です。

空間も時空も何もないけれど、宇宙が生まれる可能性を秘めた存在、それが「無」です。想像するのは難しいですね。私たちは時空のある枠組みの中でしか思考することができません。「無がわかる、イメージできる」という人がいたら、そちらの方が特殊ではないでしょうか。だから、よくわからなくても安心してください。

量子トンネル効果で宇宙が生まれた？

ビレンキン仮説によると、宇宙の誕生は「量子トンネル効果」に関わりがあります。量子トンネル効果も、量子力学の不思議な現象の1つです。

たとえばボールを箱に入れた場合、当たり前ですが、そのボールを箱から取り出すには手で持ち上げなければなりません。放っておいてボールが勝手に箱の外に出ていたとしたら、不思議です。ところが、ミクロの世界ではこういうことが起きます。箱の中に入れておいたはずの粒子が、ある一定の確率で外に出てきてしまうのです。まるで、壁にトンネルができて、そこを通ったかのようです。

ここまで量子力学の不思議な現象についていろいろお話ししてきたので、何となくわかるのではないでしょうか。

粒子は決まった位置を持たないので、箱の中に入っている粒子の位置もぼんやりと広がっているのです。箱の壁で隔てられているはずですが、箱の外にまでぼんやり具合が広がっているから、観測したときに一定の割合で箱の外にあるわけです。

量子力学は確率の世界ですから、必ず外に出てくるわけではありません。しかし、いったん外に出てしまえば、自由に動けます。

ビレンキンは、宇宙の大きさがゼロの量子的な状態から、量子トンネル効果により小さな宇宙が忽然《こつぜん》と姿をあらわしたという考え方を提示しました。

イメージするのは難しいですが、とにかく「無」から時間や空間が生まれる確率を量子論に基づいて計算します。すると、宇宙ができたっぽい数式が得られたんですね。それでビレンキンは1つのシナリオとして「無からの宇宙創成論」を唱えたわけです。

翌1983年には、ビレンキン仮説に乗っかりつつ別のやり方で、ジェームズ・ハートルとスティーブン・ホーキングも「無からの宇宙創成」を導いています。

観測も実験もできないので、本当かはわかりません。将来は確かめる方法が見つかるかもしれませんが、今のところは無理ですね。あくまで数学的トリックを使った提案と受け止めておくのがいいでしょう。「理論的可能性がある」といったところです。

エクピロティック宇宙論

無からの宇宙創成、に対して、いわば「有からの宇宙創成」のような理論も提案されています。すでにあった宇宙から宇宙が生まれるという理屈です。

2001年にイギリスの物理学者ポール・スタインハートとニール・チュロックが提示した「エクピロティック宇宙論」は、無からの宇宙創成を否定しています。どうやって宇宙が生まれたのかというと、宇宙同士がぶつかったことによってです（図19）。ちなみに、エクピロティックはギリシャ語で「大火」という意味です。

ちょっと強引にも感じるのですが、可能性は捨てきれません。「無からの宇宙創成」以外の可能性を示したことには意味があるでしょう。この宇宙に別の宇宙との衝突の痕跡が残っていれば、証明できるかもしれません。

こんなふうに、宇宙の始まりについていろいろなアイデアがあるのは面白いですね。私

図19　エクピロティック宇宙論のイメージ。2つのブレーン宇宙が衝突し、ビッグバンを起こし、また離れて新しい宇宙が生まれる。ブレーン宇宙はイメージしやすいよう2次元の「膜」として描かれているだけであることに注意されたい
Scientific American, vol. 16, Pages 71-81（2006）をもとに作成

自身は、これらの研究が面白くて修士論文で扱ったものの、理論的推測を超えられないもどかしさから、その後は観測的宇宙論の研究へシフトし、今に至っています。

でも、今後はさらに説得力のある説や確かめる方法などが出てくるかもしれないですね。楽しみに待ちたいと思います。

第4講

マルチバース

宇宙が一様であるという謎

宇宙創成の話の続きです。

無から宇宙が生まれたとします。生まれたばかりの宇宙はものすごく小さいです。なにせ量子力学の世界、プランクスケール（プランク定数により導かれる長さ・質量・時間のスケールで、これより小さなスケールでは古典力学が通用しない）の世界で生まれたわけです。ものすごく小さい宇宙が急激に大きくなる必要があります。

そこで「インフレーション理論」が出てきます。インフレーションは、現在の宇宙膨張とは比べものにならないくらいの恐ろしい速さでの急膨張です。そうでないと説明できないことがこの宇宙には多々あります。

いちばんは、第2講でも話した、この宇宙が一様であること、その謎です。

平均するとどこも同じような宇宙が広がっています。「はるか遠くを見ると、ずいぶん様子が違うな」ということはなく、どこもかしこも似ています。これは不思議です。光より速いスピードで情報をやりとりすることはできないからです。連絡を取り合えるのは、せいぜい宇宙年齢の間に光が進める距離まで。連絡を取り合えるはずがない遠くの場所が、同じような姿をしているというのは不自然です。

もともと情報をやりとりできるほどの小さな宇宙だったものが、急激に広がったからどこもかしこも似ているのだと考えれば、説明がつきます。

最初から広い宇宙で、密度の濃いところ、薄いところがだんだん均一化していったという考え方はありませんか?

均一化するには、移動の時間が必要です。山をならすためには、山の土を谷へ運ばなければなりません。ところがこの宇宙は、光のスピードで物が移動したとしても届かないほど遠くの場所まで平らです。デコボコしていません。もっとずっと長い時間をかければ均一化するのも不思議ではありませんが、宇宙が生まれて約138億年という時間では無理なのです。

たとえるなら、地球の裏側で発達した文明の人と、こっちの文明の人がなぜか同じ言語をしゃべっているという感じです。不思議ですよね。昔はやりとりしていたのではと推測するのが自然でしょう。

図20　リンデのアイデア
Credit：Andrei Linde

つまり、インフレーション理論とはこういうことです。最初は小さな宇宙でやりとりしておいて、急激な膨張で引き離した。現在はやりとりがないけれど、大昔の情報を引き継いでいるから、一様な宇宙になっていても不思議ではない。

待ってください。第2講でのグラウンドの話があったじゃないですか。観測できる範囲だけが一様だという可能性もありますよね。

あります。ロシアの理論物理学者アンドレイ・リンデは、そのようなアイデアを出しています。

リンデのアイデアは図20のようなトゲトゲした金平糖のようなものです。インフレーション、つまり急激な膨張があった場所と、あまり膨張していない場所があるというのを示しています。針のようにとがっているのが急激な膨張をした場所です。

私たちは急激な膨張をした宇宙にいるので、針のようにとがった先のあたりにいることになります。まわりを見ると一様な宇宙で、これが宇宙のすべてだと思っているが実は違うというのがこのモデルです。

これが正しいかどうかはわかりません。観測できる範囲の宇宙が一様であることは確かですが、その先はわからないのです。また、リンデのこの非一様な宇宙のアイデアも、インフレーションがあったという前提に立っています。

インフレーション理論はまだ確立していない

インフレーション理論は1980年初頭に、複数の研究者がそれぞれ別に思いついたアイデアです。最初のモデルはアメリカの物理学者アラン・グースと、日本の物理学者、佐藤勝彦《かつひこ》が同時並行的に提案しました。

インフレーション理論が登場する前、すでにあったのは「ビッグバン理論」です。宇宙がビッグバンで始まったというのはもはや常識といえるくらい浸透していますね。

ただし、ビッグバン理論は宇宙の始まりそのものについての理論ではありません。宇宙はとんでもなく高温・高密度の火の玉状態から、膨張により冷却されていったという理論です。この理論の本質は、宇宙がずっと同じようにあったわけではなく、明確な「始まりがあった」ということです。

かつて、ビッグバン理論に反対する人たちは「定常宇宙論」を唱えていました。宇宙が膨張していることは認めたうえで、それでも宇宙は永遠不変のものであってほしい気持ちが捨てられません。しかし、宇宙が膨張すれば、その分だけ星や銀河がまばらになっていき、同じ姿をとどめることができません。そこで、星や銀河のない真空の空間から、常に物質が供給されるという説を考えていました。

しかし、1964年に宇宙マイクロ波背景放射が見つかってからは、ビッグバン理論が正しいと認めざるをえなくなりました。第2講でも扱った宇宙マイクロ波背景放射は、宇宙全体の物質密度が高く、高温だったときに作られた光が私たちのもとに届いたものです。つまり、ビッグバンの証拠になるのです。この他にも、数々の決定的な観測的証拠により、ビッグバン理論は確立されています。

ただ、ビッグバン理論では説明の苦しい点がいくつかありました。それを解決するかたちで出てきたのがインフレーション理論です。

1つが、今お話しした「一様性問題」です。他にも、素粒子論を宇宙の初期にあてはめると、理論的には奇妙な粒子が大量に生み出されるはずだという問題がありました。これも、インフレーションがあれば、急激に薄められるので観測できないほど少なくなる、と説明できます。

こんなふうに、インフレーション理論によって多くのことの説明がつくので、多くの研究者はインフレーションが実際に起こっただろうと考えています。

ただ、インフレーション理論は確立しているわけではありません。確実に正しいとは言い切れない仮定が多く使われています。インフレーションが起きた原因もはっきりしていません。現在は多数のインフレーション理論が並び立っているという状態です。先ほどのリンデのアイデアもその1つです。

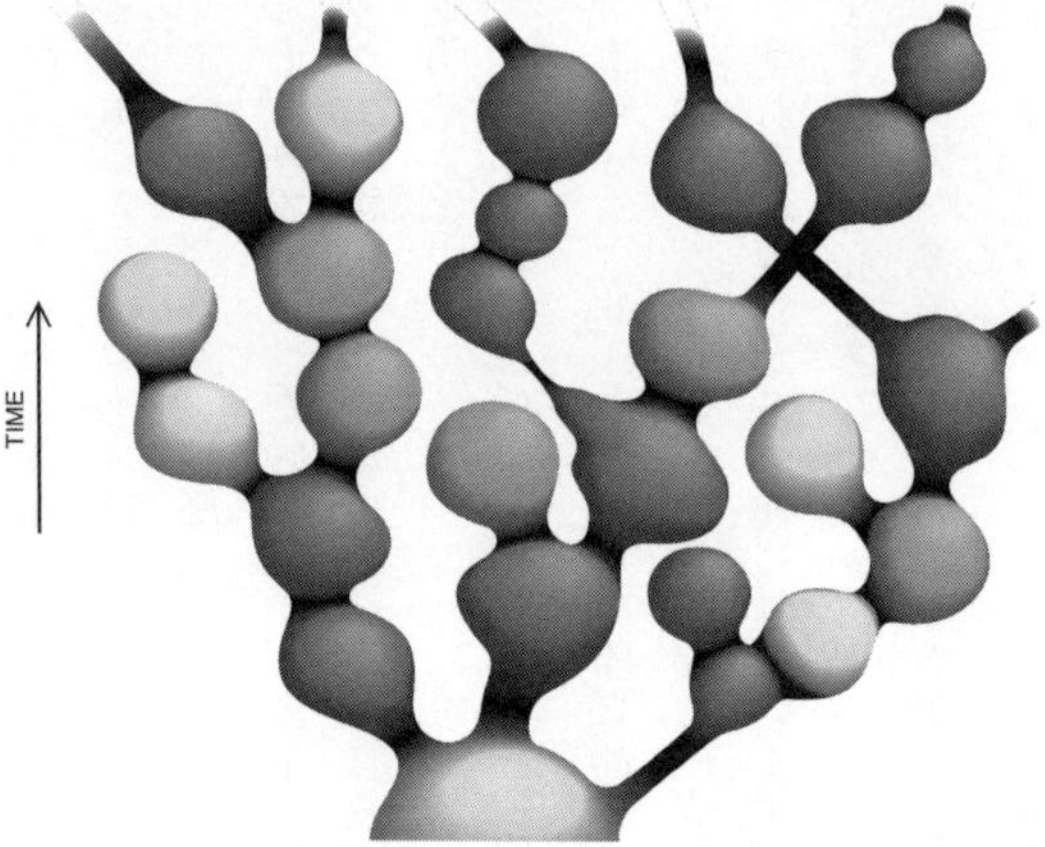

図21　カオス的インフレーション
Credit：Andrei Linde

カオス的インフレーション

インフレーション理論の中には、宇宙は1つではなく複数あるとするものもあります。宇宙が複数あるという考え方を「多宇宙」「マルチバース」といいます。

ここからはマルチバースのさまざまな仮説を見ていきましょう。

図21は、インフレーションが続いている場所と終わった場所、ほとんどインフレーションが起きなかった場所があって、それぞれが別の宇宙のようになっていることを示しています。インフレーションが終わったあとに、一部まだインフレーションを続けている場所があると、もうまわりと連絡がつかなくなり、

別の宇宙のようになるんです。

レンコンのような部分の1つひとつはそれぞれ一様な宇宙ですが、隣のレンコンはもう連絡を取り合えないので別の姿の宇宙です。こうして、空間的にはつながりがあるものの、全体としては宇宙がどんどん増殖していきます。このモデルは、混沌《こんとん》としているという意味で「カオス的インフレーション」と呼ばれています。

実は、さきほど見せた金平糖みたいなインフレーション宇宙（図20）と考え方は同じです。いずれもリンデの作ったイメージ図です。図20は、カオス的インフレーションをある時間で切り取った図で、図21は上に行くほど時間が進んでいます。

この図は、3次元の宇宙に時間軸を加えたものを2次元で表現しているので、理解しにくいでしょうか。レンコンの表面が宇宙で、中身はありません。紙は2次元なので、こういった図はどうしてもわかりにくくなってしまうんですよね。

こういったイメージ図を見せると、それを絵の通りに受け取られた方から質問がいろいろ来るのですが、この絵の通りというわけじゃないんです。エクピロティック宇宙論のイメージ図を見て、宇宙は本当にペラペラの膜なのだと勘違いしてしまったり……。

私たちはどうしても4次元空間をイメージすることができません。3次元に落とし込んで理解するというのは慣れればできるようになりますが、4次元空間を頭の中でグルグル回すことができる人はまずいないですね。

ただ、盲目の数学者として有名なレフ・ポントリャーギンは、高次元空間を自然に認識できたという逸話があります。高次元空間について、まるで見てきたかのように話すので周囲の人は驚いたそうです。

高度な数学は、計算よりもイメージの世界に近いですからね。私も研究の都合上、数学者と接する機会があります。数学者と話していると、ほとんど直感のような感じで「あれとこれがつながって……」と言うので話についていくのが大変だったりしますが、論文を読むと確かに論理がつながっていることに驚かされます。

数学に限らずあらゆるジャンルで、天才的と言われる人は直感が優れているのでしょう。その直感は、何度も繰り返した経験から降って来るのかもしれないし、一般の人がとらわれがちな常識を無視できるからたどり着くのかもしれません。

無限に広がる宇宙には、自分も無限にいる？

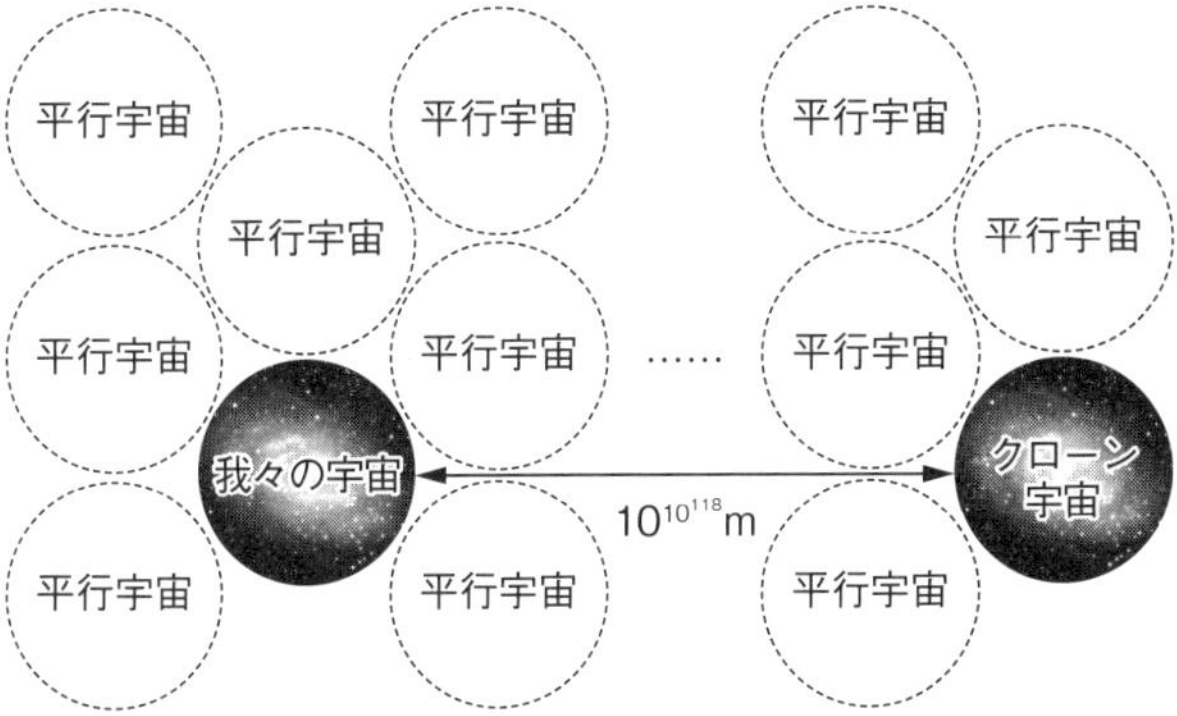

図22　マックス・テグマークによる平行宇宙のアイデア

マルチバースの話に戻りましょう。

インフレーションによって宇宙がボコボコとたくさん生まれていくという説より、もっと単純なマルチバースの仮説があります。

理論物理学者マックス・テグマークのアイデアを紹介しましょう（図22）。

私たちが観測できる宇宙は、光が138億年で届く範囲でしかないんでしたね。もし、宇宙が無限に広がっているのだとしたらどうでしょう。はるか遠くの場所とは情報をやりとりできませんから、空間としてはつながっていても別の宇宙だと考えることができます。コンタクトできない宇宙が平行して無数に存在する状態です。

観測限界により閉じた我々の宇宙の隣、ま

たその隣に、平行宇宙（パラレルユニバース）が並んでいます。コンタクトをとれないのでどうなっているかわかりませんが、平均すれば星があって銀河があって、似ている宇宙であるはずです。

ただし、地球と同じ星はないでしょう。地球とまったく同じ環境が作られるなんて、奇跡のようなものです。普通は考えられません。

ところが、宇宙が無限に広いのであれば可能性があります。平行宇宙が無数にあるなら、すべてを違うパターンにしようとしても無理が出てきます。あらゆる宇宙の可能性を出し尽くしたはるか遠くには地球にそっくりな星があり、自分にそっくりな人間が住んでいるのです。

このそっくりな宇宙を、ここでは仮にクローン宇宙と呼びましょう。クローン宇宙がどのくらい離れたところにあるかというのを、テグマークは計算しました。

それが、10の（10の118乗）乗m。10の118乗とは、10を118回掛け合わせるので、1の後ろに0を118個つけた数です。その数だけ、また10を掛け合わせるのですから、つまりは1の後ろに10の118乗個の0がつくという、とてつもない数字です。もはや私たちが想像できる距離ではありません。

ちなみに、1億は1のあとに0が8個続く、10の8乗です。1兆は10の12乗。江戸時代に出版された『塵劫記《じんこうき》』に掲載されている漢字文化圏における最大単位「無量大数《むりょうたいすう》」でも10の68乗ですから、テグマークのはじき出した数字が気の遠くなるほどの数だということがわかるのではないでしょうか。クローン宇宙はかなりの遠くです。

クローン宇宙には、地球があります。私、松原もいます。みなさんもいます。でも、完全に同じではなくて、少しずつ違う経過をたどるはずです。現在はまったく同じ環境であっても、観測できる範囲が広がるにつれ、実はちょっと違った、ということがわかるかもしれません。時間とともに観測できる範囲は大きくなっていきますから。ほんのちょっと違っても、それを起点にして2つの宇宙は別の運命をたどることになります。

面白いなぁ……。本当にSFモノのマルチバースじゃないですか。でも、本当なんですか?

わかりません。これは宇宙が無限に広いのだとしたら、かつ、一様だったら、論理的にこうならざるをえないというテグマークのアイデアです。

ちなみに、10の（10の118乗）乗mよりも先にも平行宇宙は続くので、クローン宇宙はまだあるはずです。クローン宇宙は1つではないのです。それどころか宇宙は無限なので、クローン宇宙も無限に見つけられますね。みなさん1人ひとりも無限に存在しているというわけです。

クローン宇宙から見れば、この宇宙こそクローン宇宙です。量子論的には、クローン宇宙と我々の宇宙は区別できません。あなたはオリジナルのあなたなのか。まあ、ここまでくると思考の遊びというか、真面目に考えると気がおかしくなりそうなのですが……。

私たちはけっこう安易に「無限」という言葉を使いますが、本当の無限は恐ろしいほどの意味を持つということですね。無限をなめてはいけません。

ストリング理論がブームに

次に、ストリング理論における「ランドスケープ宇宙」の話です。

まずストリング理論とは何なのか。基本的なところをお話ししておきましょう。

力の統一についての研究があります。

この宇宙の物理法則において、力には4つの種類があります。「重力」「電磁気力」「強い力」「弱い力」です。「重力」と「電磁気力」はこれまでの話に出てきましたが、「強い力」「弱い力」ははじめてですね。どちらもミクロの世界に働く力なので、日常生活では感じることがありません。

「強い力」は、原子核がバラバラになるのを防いでいます。「弱い力」は、さまざまな粒子を別の粒子に変化させるのに重要な役割を持つ力です。強い、弱いというのは、電磁気力と比べて強いか弱いかをいっています。

これらバラバラに見える力がどういう関係にあるのかを調べる中で、電磁気力と弱い力に関してはうまく統一した理論ができたんです。「電弱統一理論」と言います。この理論で素粒子の性質はほぼ説明できるようになりました。

科学者たちは目下、「強い力」も合わせて1つの枠組みで説明したいと理論を作っていますが、こちらはまだ不完全です。理論はできたように見えるけれど、実験してみると合わなかったりしているので、本当には統一できていないというところです。

もっとも理論の統一が困難なのは、重力です。重力も含めて4つの力をすべて統一した理論を作るべく登場したのがこの「ストリング理論」なんです。1980年代にブームになりました。素粒子論をやっている人の多くが飛びついたんです。が、まだ完成していません。なぜかというと、難しすぎるから。

ストリング理論で使われる数学は、もはや物理で使われている数学をはるかに超越していて、20世紀には「21世紀の数学を使わないと解けません」と言う人もいたくらいです。

もちろん4つの力を統一できたらすごいことです。目標が大きいですから現在も研究している人が大勢います。

10次元

何が「ストリング」なのかというと、粒子を点ではなく「ひも」(のようなもの)として捉えているからです。「超ひも理論」「超弦理論」とも呼ばれています。

粒子というと普通は単純な形の「粒」を思い浮かべますね。点として考えれば、0次元ということになります。でも、実は1次元的に広がったひもだと考えると、そのほうが情報量を多く持てて都合がいいのです。

ストリング理論では、素粒子や力はすべて「ひも」(のようなもの)から生じると考えます。ひもの長さの違いや振動によって、いろいろな素粒子や力が生まれています。ごく簡単にはそういうことです。

ただ、ストリング理論を進めるには、この宇宙が3次元空間では無理だということがわかっています。5次元や6次元でもダメで、空間9次元に時間1次元の10次元世界であるとしないと理論が破綻してしまうんです。3次元空間と思われてきたこの世界には、あと6つも次元があるということですね。

普通ならここで「何をバカな」と放り出しそうなところですが、「いいや、ストリング理論はあまりにも美しい理論だから捨てることはできない」と研究者たちは考え、この宇宙は10次元（見方によっては11次元）であることにしました。そう、あることにしたんです。

本当は10次元時空間なのに、私たちには4次元の時空間にしか見えていないとした。残り6次元は、あまりにも小さいから私たちには見えないのです。小さく丸めて、見えなくして考えます。

次元が増えれば増えるほど調べるのが大変になり、10次元ともなると複雑怪奇です。次元の丸め方にもいろいろなパターンがあるため、宇宙の取り得るパターンが少なくとも10

の500乗個くらいあるんじゃないかと言われています。1兆を41回1兆倍して、さらに1億倍したほどの数です。この計算はあまりにも難しく、正確にいくつのパターンを取り得るのかはまだわかっていません。

いずれにしても、宇宙の取り得るパターンは多数ある。そのうち、この宇宙はどれなんだという疑問がありますね。この宇宙を決める原理がないんです。なんとか決められないかといろいろ頑張りましたが、どうにも難しい。

そんな中、「この宇宙のパターンは偶然にすぎない」と言う人があらわれました。それが、「ランドスケープ宇宙」というモデルです。

ランドスケープ宇宙

概念図（図23）を見てみましょう。宇宙の性質を決めるパラメータを、本当は多数あるのを仮に2つとして考えます。図の上下はエネルギーで、左右の方向がパラメータ1、奥行きの方向がパラメータ2です。パラメータの組み合わせでエネルギーが変わってくる。

2つのパラメータで作られた「地面」を見てみると、山や谷のようになっていますね。「ラ

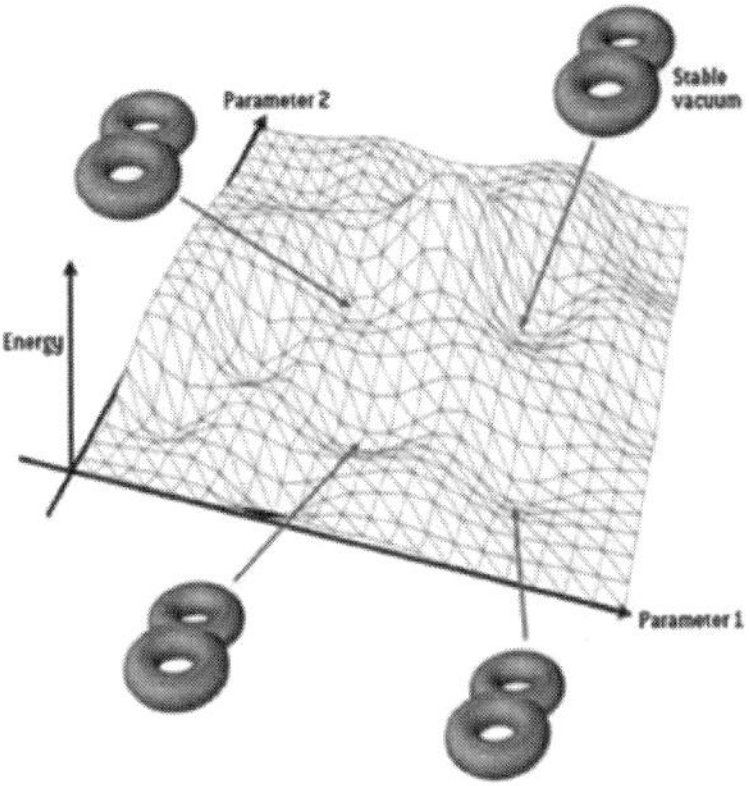

図23　ランドスケープ宇宙の概念図
Credit：University of Cambridge/CTC

ンドスケープ」は英語で「風景」という意味で、ランドスケープ宇宙という名前はここに由来します。

図では4つの谷に矢印が引かれています。山の上や斜面は安定できませんが、谷の部分は安定した場所です。ボールが転がるのを想像すると、谷の底ならとどまっていられますよね。こういった安定した場所が、宇宙がある可能性のある場所というわけです。

可能性のある場所のうち、どこに決まるかという絶対の正解があるわけではない。周囲より低い谷であればどこでもいいので、私たちの宇宙のパターンは偶然にすぎないというわけです。概念図では4つの矢印が引かれていますが、実際の計算では、安定した場所がどのくらいあるのかを見積もると、10の500乗くらいになりそうだというわけです。

このモデルによると、宇宙ごとに物理法則が全然違うものになります。たとえばある谷は5次元世界でこっちの谷は4次元世界という感じでも、全然かまわない。

私たちの宇宙が人間の生存に都合のいい物理法則になっているのはなぜかというと、ランダムに転がってできる宇宙の中で、たまたま人間が住める宇宙にいるからだという説明になります。

うーん、ストリング理論自体はよくわかりませんが、要するに、私たちの宇宙の他にも、別の物理法則で動いている宇宙がたくさんあるということですか？

可能性があるということです。存在しない理由はない、と言ったらいいかもしれない。観測できないので、あるかないかを議論しても永遠に決められません。

ただ、理論的には可能性がある以上「存在する」と言った方が簡単です。「存在しない」と言うなら、その理由が必要になります。全部が存在していて、たまたま私たちの宇宙がここにあります、とするのがわかりやすいですね。ただし、本当に存在することを確信したいなら、最終的には実験的な証拠が必要でしょう。

ブレーン宇宙

前回紹介したエクピロティック宇宙論も、我々の3次元空間は高次元に埋め込まれた、2次元でいう膜のような存在であるという「ブレーン宇宙」の考え方に基づいています。このブレーン宇宙も、マルチバースの考え方の1つです。

ストリング理論は10次元ですから同じ高次元ですが、ストリング理論の場合は4次元時空以外の部分は丸まっていることにしています。一方、ブレーン宇宙は3次元空間以外の次元には物質が移動できないという仕組みです。実は次元が広がっているけれども、私たちは行けないから知らないのです。

紙の上だけを移動できる2次元人がいたとき、上や下には行けないから3次元の方向を知らないというのと同じです。私たちは3次元以外に行けないから知らないだけで、本当の宇宙は高次元空間だということなんです。

ブレーン宇宙論は、アメリカの有名な理論物理学者リサ・ランドールがラマン・サンドラムとともに論文にし、広まりました。1999年のことです。当時、すでにストリング理論が流行《はや》っていましたが、余剰次元を丸めて見えなくするモデルに不満を持っていたランドールとサンドラムが「丸めなくていい、ただ移動できないだけ」と言って違う理屈を考えたのです。

結局は誰が正しいのか?

これまで見てきたマルチバースの姿は、いずれも観測でわかるような話ではありません。どれも可能性を否定できないという段階であり、どれが正しいのか決められないのです。論理的に矛盾があれば「これは違う」とわかりますが、どれも矛盾はしていません。否定できないモデルが並び立っている状態なんです。

煮え切らないような話です。

物理学者ポール・デイヴィスは『幸運な宇宙』(原題:The goldilocks enigma)という著書の中で図24のように整理しています。一見、きわめて常識的な考え方を示した集合図に見えますが、実は奥が深いので紹介しておきましょう。

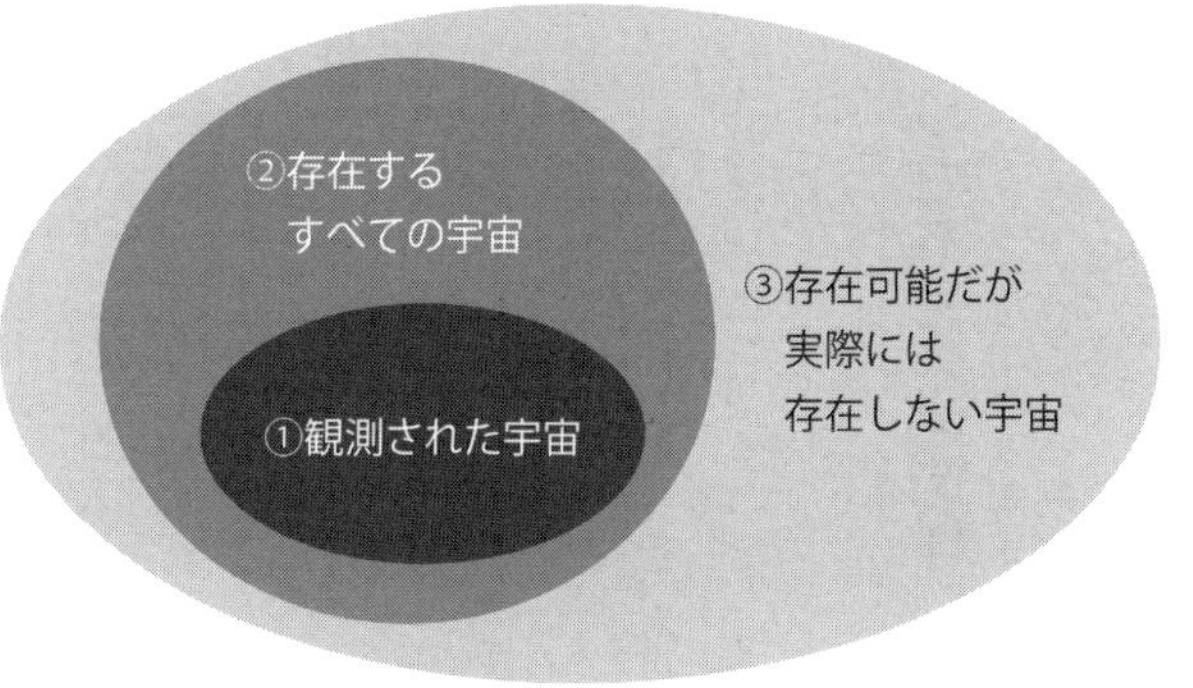

図24　存在可能な宇宙は実際に存在するのか

先ほどの平行宇宙のアイデアを示したテグマークなんかは「数学的に存在可能な宇宙はすべて存在する」と言い切った数学原理主義者なのですが、デイヴィスの立場からすると、「存在可能だが存在しない宇宙もあるだろう」というわけです。

まず、確実に存在すると誰もが納得するのは、観測できた宇宙ですよね。星があったり、銀河があったりすれば、それを存在しないとは言えないですよね。見えているが実はないのだと哲学的なことを言う人もいるかもしれませんが、物理学の立場からすると、それは言いすぎ。観測して性質がわかるようなものは、まあ存在するでしょう、と。図24だと①に相当します。

もちろん観測に限りがあるのは、これまでもお話しした通りです。ホライズンの先は、存在していたとしても、見ることができない。ただ穏当に考えると、ホライズンの先も、私たちのところまで光が届いていないだけである程度宇宙は存在するだろうと。それが②です。

その外側に、存在可能だけれどさすがに実在はしない領域③があるというのが、とりあえずデイヴィスの分類ですね。

この図で考えると、テグマークは③はないとする立場。

あるいは②をないとする立場の人もいます。観測できないということは存在しないということだ、という立場です。光が届いてないホライズンの向こうにも、宇宙が続いていると多くの人は直感的に思うけど、実はないのである、という、非常に哲学的な感じです。

ゲーデルの不完全性定理

デイヴィスの分類を見て考えるべきは、そもそもこういう分類ができるのか、ということです。この図のような線は引けるのか。引いていいのか。デイヴィスはそういうことも言っています。

たとえば、今観測されていなくても将来観測されるかもしれない。なら、①の線は確固たるものとしては引けないですよね。

あるいは、③の線も引けるのかという問いだってあります。存在可能だという判定ができるのかということです。

20世紀の超天才数学者のゲーデルが言い出した、「不完全性定理」というものです。

ある数学の理論があったときに、それが全体として矛盾しているかしていないかを証明することは、ある条件下では絶対にできない、という証明をしたのです。この数学の理論は正しいか正しくないかという結論を出すことができない。そういう定理です。この定理に従うなら、ある宇宙モデルについて、数学的に存在可能かどうかということすら言い切れません。

それを言ったら終わりじゃないですか……。

ゲーデルが不完全性定理を示した証明は、すごく高尚な証明というか、とにかくむちゃくちゃ難しい。もう数学の論文じゃないみたいな、ほとんど論理学の領域です。人間が考えるアイデアをすべて記号化する、みたいなところから始まって、すごくぶっ飛んだ論文になっています。私はあくまで数学者ではなく物理学者なので、他の数学者がゲーデルの言ったことをかみ砕いたものを興味本位で読んでいるにすぎないんですが、まあ面白いです。

物理学者と数学者

物理学者としては、数学の最先端は哲学のような印象を受けます。

物理学者は、とにかく今ここで目の前に見えているものや観測できるものを説明できれば、それで満足ですが、数学者はそこで立ち止まって、「本当に存在するのか」と根本を何度も問うて確かめるような感じです。もちろん、物理学者的な数学者もいれば、数学者的な物理学者もいますが。

数学は、イデアというか理想郷を追い求めるような感じで、個人的には憧れもします。キラキラと輝く、学者の求道にも思える。でも実際に数学者がやっていることって、すごく泥臭いです。

数学の人と共同研究を進めているのですが、彼はものすごく泥臭い計算をしたあとに、最終的にそれを、泥臭いところを削りに削って、ピュアな定理みたいなのを発見して。それを論文にサラサラって書いて出す、という。

それを見て、数学者のイメージが変わりました。ものすごく泥臭いことをやるんですよね。一見すると非常につまらない問題を解いているように見えるんだけど、そこからどんどん昇華していって、ということをやっています。

我々、物理学者も、もちろん研究に必要な計算はたくさんしますが、数学者ほど疑うことはあまりしません。こんなものは当たり前じゃないかと思って、直感的な推測をもとにどんどん計算を先に進めていきます。少しくらい間違っても、あとで実験や観測と比べればいいや、あとから戻ればいいやという考えなんです。数学者は、明らかに当たり前だとなるまで、一点の隙もなく考え続ける。あくまで私個人の実感ですが、そんな違いがあるのではないでしょうか。

数学で定理が出ると、もうそれを否定しようがありません。なぜなら、どこも間違ってないわけですから。もちろん、間違っていることもあるけれども、限りなく間違いがないように進めていくので。となると、ゲーデルの不完全性定理にも従わなくてはいけないのかと。この世界、この宇宙を明らかにするのはこれほど大変な道なのかと。そう思うこともあります。

量子論の解釈問題

マルチバースの話に戻りましょう。

量子論的なマルチバースの話です。

第3講でお話ししたように、量子論ではすべて「確率」であらわされます。測定前にはいくつもの可能性が重ね合わせの状態。測定することによって、可能性のうち1つが結果となって確定します。測定して結果が確定するとき、いったい何が起きているのでしょうか。そのメカニズムはわかっていません。しかも、結果が確定するのはいつなのかというのも実ははっきりしません。

たとえば、電子が位置Aと位置Bのどちらかにあるとします。測定前は位置Aも位置Bも確率が50%です。それが、測定によって位置Aに決まりました。電子に光を当てて、光が跳ね返ってきたら、その光が検出装置に入ってわずかな電流が流れます。その電流を増幅する回路に通してから、測定器のディスプレイに「A」と表示されたのです。実際はもうちょっと複雑ですが、簡略化してこういう装置だということにしましょう。

では、結果が確定したのはどの段階でしょうか。

光が跳ね返ったときでしょうか。

光も量子論の原理に従うので、光が反射する確率と反射しない確率が共存している状態です。光を検出する装置も量子論の原理に従って動きます。電流が流れる確率と流れない確率が共存しています。電流を増幅する装置もそうです。

このように確率の連鎖が続いたあとディスプレイに表示されます。通常、ディスプレイ表示のように、人間が目にできる大きな変化が起こったときに確率的性格が消え去ると仮定されています。

しかし、ディスプレイには表示されているけれど、まだ人間が見ていないときはどうなんでしょうか。もっと言えば、人間の目だって測定装置の1つです。目に入った光が電気信号として脳に伝わり、脳が情報処理をした結果、「A」と判断しているのです。

この、測定結果の確定がどのようにして起きているのかという問題を「量子論の解釈問題」といいます。

エヴェレットの多世界解釈

量子論の解釈問題は長いこと議論されており、いまだに結論が出ていません。

「ディスプレイ表示のように大きな測定装置には量子論の原理が働かないから、ディスプレイに結果が表示されたときに確定しているのでは？」「人間の意識が測定結果を判断した瞬間に、確定しているのでは？」

みなさんも、そう思ったかもしれません。

標準的だとされている「コペンハーゲン解釈」はこれに近いものです。デンマークのコペンハーゲンにある理論物理学研究所にいたニールス・ボーアを中心とした物理学者は、今挙げたような解釈をしつつ、測定値が確定する過程を問うこと自体が無意味なのだとしました。

観測したこと、そこから得られたことだけが起こったことであり、その背後に何かが実在するとは考えてならないという立場です。解釈問題自体をなくしてしまっているので、結局どの段階かはわからないわけですが、実用上はもっとも便利な解釈です。教科書的なものとして今も通用しています。

それに対して、1957年にヒュー・エヴェレット3世が提示した解釈は斬新です。いつ確定しているのか、という問いはナンセンスで、「確定はしない」というのです。

「測定結果が確定することはなく、人間の意識が1つの測定結果をもたらす世界しか認識できない」

つまり、量子論に出てくる可能性はすべてこの物理世界に実現しているのだが、人間にはその中の1つの可能性だけしか認識できないのだということです。人間側の問題だというわけです。

さきほどの電子の例では、位置Aにある可能性と位置Bにある可能性が50%ずつあります。確率はそのまま変わりません。人間が観測した瞬間、電子が位置Aにあることを見出す観測者と、位置Bにあることを見出す観測者に分かれます。観測する前は1人の人間でしたが、観測して世界が分岐したのです。

2人の観測者はお互いの存在に気づくことができませんし、観測後は、その測定値を得たことに矛盾しない世界しか認識することができません。そして、どちらの世界に行くかは自分で決めることもできないのです。

この解釈では、観測者が認識できなくなってしまった世界が無数に存在することになります。膨大な数のパラレルワールドができるのです。

「シュレーディンガーの猫」は、箱を開ける前は生きている猫と死んでいる猫が重なり合っている状態だという話でした。それが、箱を開けた瞬間にどちらかに決まるというのが一般的な解釈だったけれど、エヴェレットの解釈では、生きている猫を目撃した人と死んでいる猫を目撃した人とに分岐するのですね。猫が重なり合っていたのと同じように、人間も同じ空間に重なり合っている……？

そうです。あらゆる可能性が共存しながら進んでいます。神の視点で見ると、ごちゃごちゃしているでしょうね。でも、中にいる人間は一部の出来事しか認識していないというイメージです。

エヴェレットは量子論を宇宙全体に広げたらどうなるのかという問題意識を持っていました。エヴェレットの解釈によるパラレルワールドもマルチバースの1つといえます。

ホィーラーの参加型人間原理

エヴェレットは大学院生のときにこの斬新な解釈をしました。当時の先生は、量子力学や重力の専門家であり、ブラックホールの名付け親でもあるジョン・ホィーラーです。ホィーラーはエヴェレットの解釈を絶讃しました。エヴェレットの論文に、それを支持する解説をつけたりもしていました。

そしてエヴェレット解釈の研究を進めていたのですが、しばらくして「やはりこれはよろしくない」と言うようになってしまいました。観測できないものをたくさん考えたところで、何のメリットがあるのか、と。

ホィーラーは次のように言い始めました。量子論は情報のやりとりを記述しているだけであって、実態として存在しているわけではない。生命が宇宙を観測することではじめて宇宙は存在するのだ……。

私たちは脳で情報処理をして、「ここにこういうものがある」「こうやって動いている」と判断していますがそれは実際にそうであるかどうかとは無関係です。存在すると思ったから存在しているのです。

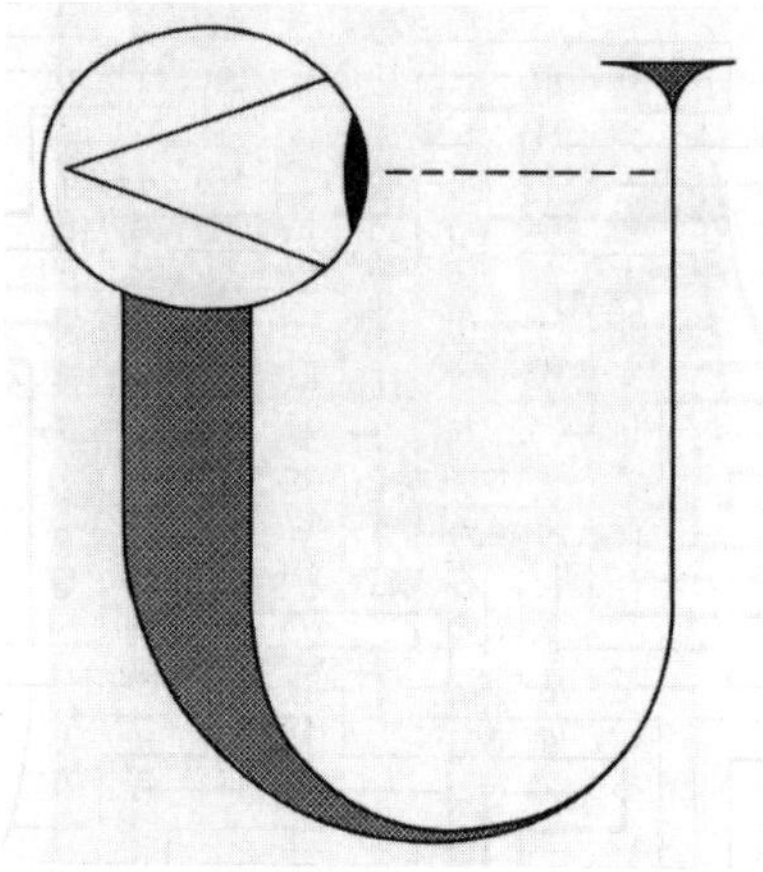
図25　参加型人間原理をあらわす図
Credit：John Archibald Wheeler

またも哲学的な話になってきましたね。

現在の宇宙が人間に適した構造になっている理由を、人間の存在に求める考え方を「人間原理」と呼びます。宇宙が人間にとって都合がいいのは、そうでなければ宇宙を観測する人間がいないから、という論理です。

人間原理の考え方にもいくつかあるのですが、ホィーラーの考え方は「参加型人間原理」と呼ばれ、それをわかりやすく絵にしたものが図25です。ユニバースのUに目玉がついています。宇宙が宇宙を見ている――宇宙の中からの観測者によりはじめて宇宙が存在できるという図です。

この世界は真実か？

さらに、ホィーラーは「It from bit（イットフロムビット）」という言い方もしました。すべて（it）は情報（bit）から。彼の考え方の根底にあるのは、「宇宙は人間が思うようには存在していない」ということです。我々が思っている「存在」は、何らかの情報処理の過程で生み出されてきた概念であって、二次的なものです。

存在はする、しない……どっちですか？

何もなければ我々が思うこともできませんから、存在はしています。ただ、我々が見ているようなものではないということです。3次元空間の宇宙があって、地球があって……というのは実際の姿ではなく、我々がそう思っているだけ。観測された宇宙も、真実ではありません。すべて見かけでしかないことになります。

ゲーデルの不完全性定理じゃないですが、それを言ったら何も進まなくないですか？

真実かどうかはさておき、「見えているもの」の法則を暴くことには意味があります。そもそも科学は起きていることの法則を見つけ、次に何が起きるかを予言しようとして発展してきました。実はこの世界が映画『マトリックス』のような仮想現実だったとしても、我々がその中で生きている限り、そこでの物理法則を知る必要があるでしょう。

そして、もしも物理法則の破れを見つけたら、追究するのです。観測の精度が上がるほど、「何かおかしいぞ」というものが見つかります。相対性理論も、量子論もそうやって生まれてきました。そうして、世界の理解の仕方が深まったのです。

頭の中で考えるだけですべてを明らかにすることは絶対にできません。観測をし、理論を作り、両方から解き明かそうとすることで、より深く宇宙を知ることができるのです。

まあ、ほとんどの物理学者は目の前の問題を解くことに関心があって、最終的に宇宙の真実の姿がわかるのか、わからないのかは気にしていませんけどね。

ともかく、今の理論でさまざまな現象を説明することを繰り返していると、ときどき壁にぶつかってどうにもならなくなり、新たな理論が登場するのです。

なお『マトリックス』のように、この世界が実はコンピュータのシミュレーションであり、人間は高度なシミュレーション世界に住んでいるのだという考え方を「シミュレーション仮説」と呼んでいます。

自分がシミュレーション世界に住んでいるのか、そうでないのかは知りようがないように思えます。自分にとっては現実でしかないのだから、そのまま現実としてゲームをプレイすればいいというのも考え方でしょう。

一方、シミュレーションである証拠を見つけることは可能だろうと言う人もいます。プログラムが完璧であれば見つからないでしょうが、どこかにバグがあるはずだという意見です。もしもこの宇宙に本物のバグが見つかったら、それを突破口にして、この宇宙がどうやって作られているかわかるかもしれません。

第5講

微調整問題と人間原理

奇跡的な宇宙

我々の宇宙だけでなく、たくさんの宇宙がある、それも無数にあるという「マルチバース論」が出てくるのには、必然性があると言える背景があります。

単純に言うと、この宇宙があまりにも奇跡的な存在だということです。生命や人間が存在する宇宙は、ものすごく大変な条件を重ねなければできません。

それなのに、現実にこの宇宙が存在するのはなぜかと考えたとき、マルチバースは1つの解決策になります。無数に宇宙があれば、その中に1つくらい奇跡の宇宙があってもおかしくありません。ある意味では、この奇跡的な宇宙への疑問を、安易に解決する方法がマルチバースなのです。

では、どのくらい奇跡的なんでしょうか。今回はその話をします。

測定してはじめて決まる「パラメータ」

自然界には、測定によってはじめて決まる定数がいくつもあります。物理の法則には、こうした物理定数が必ず含まれています。

たとえば、電気力は電子の電荷がどのくらいかによって決まります。電荷とは粒子や物体が帯びている電気の量のことです。電気量を測ると、最小単位の整数倍になっており、その最小単位を電気素量と言います。電気素量はどこで測っても同じです。一定の値が見つかるわけですが、なぜその値なのかという理由は見つかりません。理論上は、その値である必然性がなく、どんな値であってもいいはずです。

重力定数もそうです。

ニュートンが見つけた「万有引力の法則」は、万有引力は2つの物体の質量の積に比例し、距離の2乗に反比例するというものです。この関係における比例定数は重力定数と呼ばれます。重力定数は、測定によって決まったものであって、この値でなければならない理由がありません。

このように、理論的に決めることができない数値のことを「パラメータ」と呼びます。パラメータはどんな値であってもよいはずなのに、なぜかこの宇宙では1つの値に決まっています。

パラメータのいくつかは、値を少しでも変えるとこの世界が大きく変わってしまうことが知られています。宇宙に生命が誕生できなくなってしまいます。

重力はものすごく弱い一方で電気力が強いことに必然性はないのですが、そうでなければ生命は生きていくことができません。

重力って弱いんですか？　なんか強そうな響きですけど。

重力とは、物体間に働く引力です。確かに地球程度の大きさにもなれば強く引っ張られますが、たとえばリンゴを2個離して置いても、その間に引力はまったく感じられませんよね。一方、電気の力は感じられます。静電気がわかりやすいのではないでしょうか。下敷きを頭にこすってみると、静電気で髪の毛が重力に逆らって逆立ちます。電気力に比べて、重力は桁違いに弱いんです。

これは実は生命にとって重要な条件です。

重力が今より大きい場合を考えてみましょう。人間は立って歩けなくなります。そもそも物体が形を保っていられるのは、物体を形づくっている原子の間に働く電気力のおかげです。人間は重力を電気力で支えているのです。

もし、重力が大きいか、電気力が小さいかして、重力と電気力の差が小さくなれば、人間は今の姿ではいられません。支えるために太い足が必要になります。さらに重力と電気力の比が小さくなると、人間のような動物は這《は》い回ることさえできなくなります。

これは1つの例です。重力と電気力の比を変えると、人間だけでなく、宇宙全体に大きな影響があり、生命の誕生自体の見込みが薄くなるでしょう。

どうも自然界のパラメータは、この宇宙に生命が誕生するように微調整されているふうに感じます。なぜか我々にとって都合のいい値になっているんです。まるで神様がパラメータを自由に変えることのできる機械を持っていて、生命を誕生させようと細かく調整しているかのようです。パラメータの値には必然性が見つからないため、いまの物理学では説明できないのです。

これを「宇宙の微調整問題」と呼びます。

宇宙には、測定してはじめてわかるパラメータが、現状見つかっているもので40個あります。そのすべてが、この宇宙を成り立たせるのに絶妙な値となっています。

いくつかのパラメータを見ていきましょう。

弱い重力

まず、重力定数Gです。先ほど重力が弱いと説明したように、これはとても小さな値を取ります。あまりに小さく、現在に至るまであまり正確には測定できていないくらいです。アインシュタインの理論における重力定数とは、物体がまわりの時空間を曲げる大きさに対する比例定数です。つまり、重力定数が大きいほど、物体のまわりの時空間のゆがみが大きくなります。

重力はとても弱いので、地球という大きな物体によって時空間が曲げられているものの、その曲がり方はとても小さく、我々には実感できません。これは人間にとって都合のいいことです。

もし、現実より10億倍ほど重力定数が大きかったら、地球上で時空間の曲がりを実感できるでしょう。光がまっすぐ進めなくなり、地球から光を発射しても戻ってきてしまいます。ブラックホールのようになるのです。また、地球は自らの重みを支えることができなくなり、地面すら存在しなくなります。そんなところに人間は住めませんよね。

逆に重力がもっと弱かったらどうでしょうか。

宇宙で物質が集まって天体になったり、天体同士が集まって銀河になったりするのは重力が働いているからです。重力が弱ければ、それだけ物質が集まるのに時間を要することになります。それだけなら、時間さえかければいいように思いますが、宇宙が膨張していることと合わせて考えると、結局天体ができないまま終わるでしょう。

もしも光速度が遅かったら

次に光速度です。1秒間に約30万㎞という速さです。

仮にこの光速度が遅かったらどうなるか考えてみましょう。日常生活で時間や空間のズレを意識しないのは、光速度があまりに速く、それに比べて我々が遅いからです。移動している人と止まっている人とでは時間がズレますが、あまりにもわずかなので感じません。

光速度を遅くすると、時間や空間のズレが大きくなります。光速度を遅くするほど、相対論的な効果が大きくなり、たとえば少し動くだけで、止まっている人との時間が何十秒もズレたりします。待ち合わせもできなくなるし、コミュニケーションが取れなくなるでしょうね。たとえば、光がもしも1秒に1mしか進まなかったら、1m先の目の前にいる人は1秒前のその人です。会話もままならないのは、想像できると思います。光があまりに遅いと、自動車で移動するだけでも、窓から見える景色は大きくゆがんでいます。止まっている人から見ると、走る自動車は縮んで見えます。

結局、時間も空間もゆがんでしまって、とても生活できないことでしょう。

実際は、それ以前に原子や分子の化学的性質が影響を受けるので、そもそも人間が生きることのできる世界ではなくなるはずです。

ミクロの世界にあらわれる「プランク定数」

プランク定数hもパラメータです。

第3講で出てきましたが、覚えていますか？

確か、古典力学と量子力学の境目をあらわすという……。

そうです。古典力学で説明できる身のまわりの世界と、古典力学が通用しないミクロの世界。その境目を決めているのがプランク定数です。その値は$6.62607015 \times 10^{-34}\ m^2kgs^{-1}$です。$10^{-34}$という小さな因子が含まれていますから、とても小さな値であることは直感的に理解できるかと思います。プランク定数はごく小さい値のため、原子ほどのミクロの世界に踏み込まない限り古典力学で説明できてしまうんです。

さて、ミクロの世界では、不確定性原理によって、粒子の位置と速さが同時に決まらないんでしたね。位置を決めると速さがわからなくなり、速さを決めると位置がわからなくなります。両方を同時に正確に決めることが原理的にできません。プランク定数は、その原理的な決まらなさ具合がどの程度なのかをあらわしています。

プランク定数はとても小さな値ですが、0では困ります。0でない小さな値であるからこそ、原子の中では電子が原子核に吸い込まれることなく安定していられます。

それでは、プランク定数が実際より大きかったらどうなるでしょうか。量子力学で記述すべき範囲が広がるということで、簡単にいえば、原子の中で起きていることと同じことが大きな世界でも起こるということです。

仮に、人間は現状のまま、プランク定数だけ大きくしてみます。すると、たとえば2人で向かい合って話をしようと思っても、お互いに場所と速さがぼやけていて、コミュニケーションができたものではありません。相手の場所をいったん絞り込んでも、またすぐにどこかへ行ってしまいます。

また、量子トンネル効果が働いて、部屋の中にいても外にあったものが突然中に入り込んできたり、あるいはその逆のことが起こったりしかねません。プライバシーもへったくれもありませんね。

プランク定数の大きな世界は、あまりにも混沌とした世界です。プランク定数が小さくてよかったです。

基本定数から得られるプランク尺度

ここまで話した重力定数、光速度、プランク定数の3つは、物理学の中でもっとも基本的なパラメータです。3つとも物理法則と密接な関係があることがおわかりでしょう。重力定数は一般相対性理論、光速度は特殊相対性理論、プランク定数は量子論を特徴づける定数となっています。

この3つの定数の単位はすべて、長さ、質量、時間という3つの単位の組み合わせでできています。そこで、３つの定数をうまく組み合わせることによって、長さだけの単位を持つ量、質量だけの単位を持つ量、時間だけの単位を持つ量を作ることができます。

そうして得られた量は、それぞれプランク長さ、プランク質量、プランク時間といいます。

プランク長さより小さい尺度では、空間自体を量子力学で記述する必要が出てきます。量子力学の不確定性原理があらわれ、私たちの直感と合わない世界になります。

プランク時間も同じです。プランク時間以下のごく短い時間では、私たちの思う時間の流れの常識が通用しません。

プランク質量は、実はそれほど小さな値ではありません。22㎍（マイクログラム）ほどですから、０・５㎜四方の紙の質量と同じくらいです。プランク長さ、プランク時間とは違い、人間が取り扱えるスケールです。

このプランク質量はどういう境目なのでしょうか。

プランク質量のブラックホールがあったとすると、そこには量子効果が働いて、プランク時間程度ですぐに蒸発してしまうと考えられています。プランク質量は、ブラックホールが存在できるギリギリの質量だと言えます。

ちょうどよい電子・陽子・中性子の質量

次に紹介するパラメータは、電子・陽子・中性子の質量です。

原子は原子核と電子から成り立っていることまでは、第3講で確認しました。原子核はさらに陽子と中性子に分解することができます。つまり原子は、電子・陽子・中性子の3つでできています。

それぞれの質量は、陽子が0.938272... GeV《ジェブ》/c^2で、中性子が0.939565... GeV/c^2です。そして、電子は0.000511... GeV/c^2です。GeV/c^2というのは、質量の単位の1種です。

この3つの質量を見てわかるのは、まず、電子が陽子や中性子と比べて桁違いに軽いことです。軽いからこそ、原子の中で電子は空間的に広がっていられるのです。もし電子がもっと重ければ、電子の空間的な広がりが小さくなり、その結果、私たちの身のまわりの物体は形を保つのが難しくなってしまいます。物体は電子を通じて、原子核が空間的に固定されたものだからです。

また、陽子と中性子の質量はほとんど同じというのも不思議な事実です。そして中性子の方が、陽子よりもわずかに重い。さらに、陽子の質量に電子の質量を足しても、中性子の質量に届きません。

このおかげで、「ベータ崩壊」という反応が起きます。中性子が自然に電子（とニュートリノ）を放出して陽子になるという反応です。エネルギー（＝質量）の高い方から低い方への動きは可能なのです。

もし、逆に中性子の質量の方が小さかったらどうなるでしょうか。ベータ崩壊が起こらなくなります。その代わり、陽子が電子と反応して中性子になってしまいます。世界は中性子だけになってしまい、原子はすべて壊れてなくなります。

電子・陽子・中性子の質量の微妙な関係性により、世界がぶっ壊れないようになっているんですね。

2重水素

電子・陽子・中性子の不思議な関係性についての話は、まだ続きます。

水素はみなさん知っていますね。2重水素というのは、質量が大きい水素です。

普通の水素の原子核は、陽子が1つだけです。そのまわりに1つの電子がまとわりついていて、水素原子になっています。

2重水素は、陽子1つに中性子1つがくっついた原子核と、電子1つでできている水素です。中性子が増えた分、質量が大きくなった水素だと考えてください。

初期の宇宙には水素原子核である陽子と中性子しかありませんでした。そこからまずヘリウムができることが重要です。現在の宇宙には炭素や酸素をはじめとしてさまざまな元素がありますが、それは水素とヘリウムが集まって星を作り、星の中で核融合反応が起きたからです。ヘリウムがどこかでできなかったら、炭素やその他の元素も作られなくなってしまいます。

2重水素は、陽子と中性子が1つずつぶつかることによって生まれます。ヘリウムは、この2重水素がないと作られません。

ヘリウム原子核は2個の陽子と2個の中性子がくっついた原子核でできています。つまり陽子・中性子の2ペアです。1ペアである2重水素が2つ反応することでできているんです。

水素原子核2つ分の質量よりも2重水素の質量が少なくないと、そもそも2重水素が作られてもすぐに陽子2つに分解してしまいます。先ほどのベータ崩壊と同様に、エネルギーの小さい方へ変化してしまうのです。

水素原子核2つ分とはつまり陽子2つ分なので、質量は1.876544... GeV/c^2です。対して2重水素の質量は1.875612... GeV/c^2です。確かに2重水素の質量の方が少なくなっています。もしも質量の大小が逆だったら、2重水素が不安定になってうまく作られることなく、ヘリウム以降の元素も生まれなかったでしょう。

ここで不思議なことに気がつきませんか。

中性子の質量の方が陽子の質量より大きかったはずです。であれば、陽子2個よりも、陽子と中性子を持つ2重水素の方が大きくないと変です。

実は、陽子と中性子がくっつくときにはエネルギーが放出されて、くっついたあとはその分の質量が減ってしまうのです。「束縛エネルギー」と言います。もともと中性子と陽子の質量差が小さいので、束縛エネルギーによって逆転現象が起きるわけです。つまり、陽子と中性子の質量差がごくわずかでないと、2重水素は作られず、ひいては私たち生命もありません。この質量差には微調整が働いているかのようです。

生命に都合のいい水の特殊な性質

生命に不可欠な「水」にも、微調整が働いているように思われます。

水は我々のまわりに満ちあふれているので、その存在はごく当たり前です。でも、その性質を調べると実は水が特殊な存在であることがわかります。

まず、氷が水に浮くというのがすごい。これはまったく当たり前ではないんです。普通は液体が固体になると密度が高くなり、沈みます。水以外の物質はみんな沈むんです。それなのに、氷だけはなぜか体積が増えて、密度が薄くなって浮きます。

そのおかげで生命が生き続けることができ、進化しました。

池でも海でも、凍るところを想像してみてください。氷が沈むということは、底の方から凍っていきますね。すると、水の中に生きているものたちは上へ押しやられます。えさもなくなるでしょうし、水が全部凍ってしまったら、もう生きる場所がありません。

一方、上から凍っていくのであれば、氷がフタのようになって下の方は凍りにくくなります。４℃の水が一番重いので、海の底は４℃になります。表面が凍っていても、生き物たちはその下で生きていくことができるんです。

もともと、我々の祖先は水の中で生きていました。どんなに寒い時期でも、水の中で生きられたからこそ、長い時間をかけて進化を遂げたのです。

また、水は他の物質に比べて圧倒的に比熱が大きいという特徴があります。熱をためこむ力が大きい、つまり、温まりにくく冷めにくいということです。内陸では季節による温度差が激しく、沿岸では温度差が少ないのは、海が熱をためこんでいるからです。

もし、水の比熱がこれほど大きくなければ、地球の環境は激変するでしょう。温度差が激しくなり、生命にとって厳しい環境になります。

表面張力がやたらと大きいという特徴もあります。水をコップのふちギリギリまで入れても、水が盛り上がってこぼれませんよね。こんな盛り上がり方をする液体は他にありません。人間の体の大部分は水でできています。水の表面張力が大きいおかげで、生命維持に不可欠な細胞の活動がスムーズにいっています。そして、水の比熱の大きさが体温調節にも役立っています。

このように、身近な水1つをとっても、宇宙の微調整を感じさせられます。

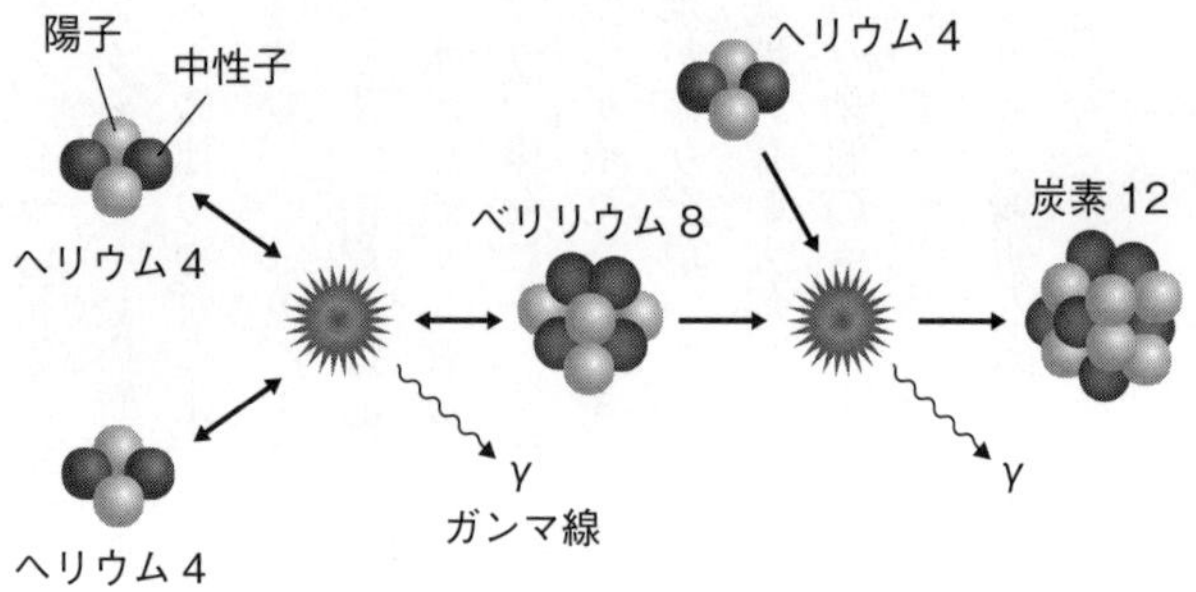

図26　トリプル・アルファ反応

トリプル・アルファ反応

生命にとって、もっとも重要な元素の1つが炭素です。炭素がなければ、今の生命は確実に存在していません。

炭素原子核は、星の中でヘリウム原子核が3つ集まることで作られます。

まずヘリウム原子核が2つぶつかって、ベリリウム原子核ができます。このベリリウム原子核は放っておけばすぐに壊れてヘリウムに戻ってしまいますが、すぐさま別のヘリウム原子核がぶつかることで炭素原子核ができるのです。これを「トリプル・アルファ反応」と呼びます（図26）。

ちなみに、炭素原子核にさらにヘリウム原

子核がぶつかると、今度は酸素原子核ができます。酸素以降の原子を得るためにも、やはり炭素ができなくてはいけません。

とにかく原子核同士がぶつかれば、別の原子核ができると思うかもしれませんが、そうではありません。トリプル・アルファ反応が起こるためには、厳しい条件があるのです。

ちょっと難しい話になりますが、原子には、それぞれに特有のエネルギー状態がありま す。エネルギー準位と呼ばれるものです。

トリプル・アルファ反応によって炭素が作られることを見出したのはイギリスの天文学者フレッド・ホイルなのですが、この反応を起こすためには、炭素がある特定の値のエネルギー準位(具体的には7654.2 keV)を持たないと成り立たないことがわかりました。

ところが、ホイルがこれに気づいた時点では、炭素原子にある7654.2 keVのエネルギー準位の存在は知られていませんでした。しかし、現実に炭素はある。炭素を生み出すには、トリプル・アルファ反応だ。となると、やっぱり炭素原子に7654.2 KeVのエネルギー準位がないと……。

それで結局、ホイルは炭素原子には7654.2 keVあたりにエネルギー準位があるはず、と「予言」しました。

最初はみんな半信半疑でした。ところが実験してみたら本当にそうだったんです。ホイルの論理は、「現実に生命が存在するんだから、物理的な性質はこうじゃなきゃいけない」というものです。これが非常にユニークなところです。普通は「測定したらこうでした」とわかることを、ホイルは測定もせずに導き出しました。

人間原理の成功例

ホイルの考え方は典型的な「人間原理」です。

前回も紹介した人間原理です。あらためて、人間原理とは、「この宇宙が人間に適しているのは、そうでないと人間が宇宙を観測できないから」という論理を使って宇宙や物理を説明する考え方です。要するに、「人間が存在するんだから、宇宙はこうなっていなさい」ということです。

人間原理には大きく分けて「弱い人間原理」と「強い人間原理」があります。

「弱い人間原理」は、現在の宇宙の年齢や太陽系の位置関係などは、偶然に決まったものではなく、それを観測している人間がいるという前提のもとに定まっているという考え方です。

たとえば宇宙の年齢が１３８億歳程度であるのは、そうでないと人間が存在できないからです。星の中で炭素などが作られ、超新星爆発によってそれが宇宙にばらまかれ、太陽系ができて惑星が生まれ、そこに生命が誕生して進化し、高度な知性を持った人間が生まれるまでを考えると、１００億年は必要です。

逆に、宇宙ができて１０００億年くらい経ってしまうと、太陽のような恒星の大部分が燃え尽きてしまっており、たとえ地球のような惑星があったとしても知的生命体が存在する可能性は低くなります。

また、我々は広大な宇宙の中で、太陽の近くという極めて特殊な場所にいます。その場所でないと存在できないからです。

このように、観測する人間の存在の原理に基づいて、現在の宇宙の時間的・空間的な位置が決まるというのが「弱い人間原理」です。

これはまあ、考えてみれば当たり前の話です。観測者が存在できる条件でしか観測できないので、偏りが出ることを「観測選択効果」と言います。観測選択効果により、宇宙の中で人間がいる時間と場所が限定されるのは当然です。

対して「強い人間原理」は、宇宙の法則や定数は人間が生まれるようなものでなくてはならないという考え方です。人間の存在を理由に「だからこうなっている」と説明するので、順番が逆になっているんです。

ホイルの予言は、「強い人間原理」の典型例です。それまで、この論理で予言をした人はいなかったので、みんな半信半疑でした。というより疑っていました。ところが、実験してみたら本当にそうだったので驚いたんです。

俄然「強い人間原理」に期待が持てそうな感じがしますが、そうでもありませんでした。同じ考え方でうまくいった例は他にないのです。ホイルの予言が唯一の成功例です。「強い人間原理」は、宇宙の微調整問題に1つの説明を与えてはくれます。なぜこのような物理定数になっているのか、という問いに対して、それは人間が存在するからだと説明します。

ただ、それを「論理」と呼べるのかは、微妙なところがあります。この宇宙は不思議だと思って法則や物理定数を調べていたのに、もともとの疑問を放り出して「不思議じゃないんだ。人間が存在するためには、そうでなくてはならないからだ！」と言っている感じで、何も言っていないのと同じです。面白い考え方だし、ホイルのやり方はうまくいったのですが、「あまり意味がないよね」と思っている人は多いです。

ただ、「強い人間原理」も、前提がマルチバースであるなら納得できます。いくつもある宇宙の中で、この宇宙はたまたま人間が存在できる宇宙になっている。そうであるなら、この宇宙においては、人間の存在を理由に世界を説明していいという話になります。

単宇宙か多宇宙かで説得力が変わる「強い人間原理」

宇宙がたくさんあるのなら、「弱い人間原理」も「強い人間原理」もさほど変わりがなくなります。人間が存在するのは、そういうまれな宇宙も実現するほど十分な数の多様な宇宙があるからだ、ということです。「強い人間原理」も、多宇宙の枠組みで考えれば、「弱い人間原理」と同じく「選択観測効果」によるものだと考えられます。

しかし、宇宙が1つであるとすると、「弱い人間原理」と「強い人間原理」はまったく違ったものになります。唯一の宇宙に人間が存在する理由とは何でしょうか。

「強い人間原理」では、「神様がそのように作ったのだ」という結論になってもおかしくありません。あるいは、「宇宙の目的は人間を生み出すことである」という目的論になってしまうかもしれません。

いずれにしても、微調整問題に対する説明を投げ出してしまっています。それは、科学的営みとして、はたして誠実なのか……。

前回出てきた、ホィーラーの参加型人間原理はどうですか？

ホィーラーの説は「宇宙に参加している人間が、情報処理をすることで宇宙が存在している」というもので、多宇宙に頼らない人間原理ですね。「強い人間原理」の変種とでも言うべき考え方です。

量子論の世界では、確率の波があるだけで人間が観測するまで何も確定しません。これを宇宙全体に当てはめてみれば、宇宙を観測するまで宇宙の状態が確固たる存在として確定しないことになります。

量子論の流れからすると、確かに参加型人間原理もありうるように感じます。

ホィーラーの参加型人間原理をもとにして、ジョン・バローとフランク・ティプラーが考え出した「最終人間原理」なるものもあります。知的な情報処理をするものが、宇宙の中にいつかは存在しなければならず、いったん存在するようになればそれはなくなることがない、というものです。

このように、人間原理の背景にある考え方にもいろいろあるのですが、現時点ではどれも正しいとか間違っているとかを言うことができません。

観測や実験によって確かめることができないものを仮定して、何の意味があるのかと言う人もいます。しかし、将来的にその意味を解明できるような技術が発見されるかもしれませんし、逆に、そんなことはできないと証明されるかもしれません。現状では、どちらになるかわかりませんから、あらゆる可能性を考えておくことが我々にできる最善のことです。

科学者の間では、「宇宙はこうだと考えればいい」「いや、そんなの説明になっていない」とあちこちで論争は起きています。どこまでいっても平行線の議論です。ある程度楽しんでやっているんでしょうね。

次元の数にも微調整が働いている？

微調整問題に戻ります。まだ面白い話が残っているので、もう少しお付き合いください。何度も話に出てきている通り、この宇宙の空間は3次元です。ストリング理論にのっとったとしても、見えている限りは3次元ですから、まあ3次元としておきましょう。また、時間は1次元です。つまりこの世界は、空間3次元と時間1次元の4次元である。当たり前すぎて疑問に思わないかもしれませんが、これも必然ではありません。2次元や4次元の空間、あるいは2次元の時間があってもいいはずです。

2次元空間を考えてみましょう。

2次元ということは平面の世界です。そこでは、発達した知的生命体は存在できないでしょう。たとえば、我々の神経や血管はまじわらずにお互い迂回できることで複雑な体系を成していますが、2次元ではこれができません。つながってしまうのです（図27）。また、たとえば口と肛門をつなぐ消化管のように、体に穴を通すことが2次元ではできません。もし2次元の生き物に消化管があれば、それを境にして体が2つに分かれてしまいます（図28）。クラゲのように口と肛門を同じにすれば可能かもしれませんが、ちょっ

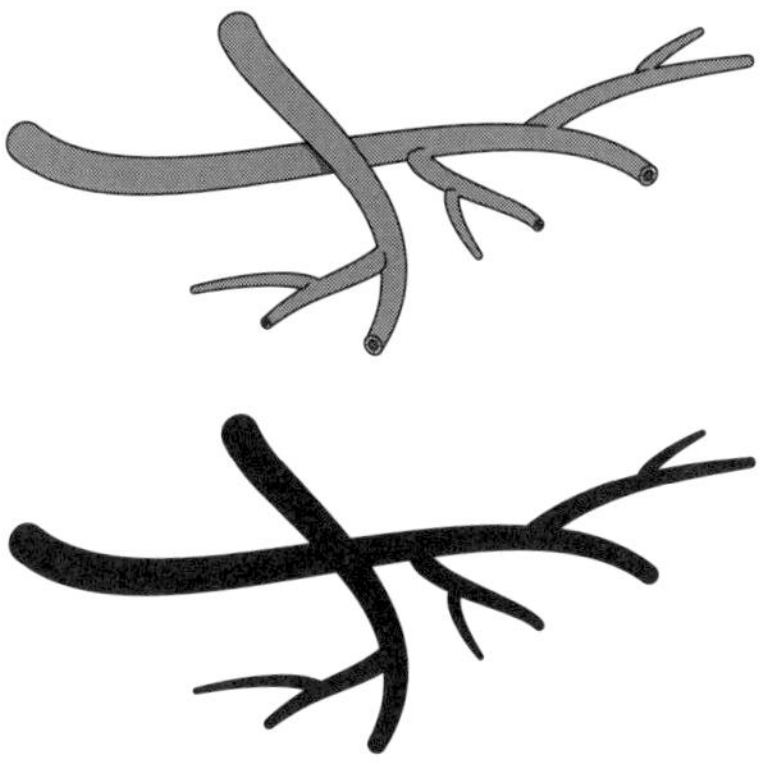

図27　2次元では交差を避けられない

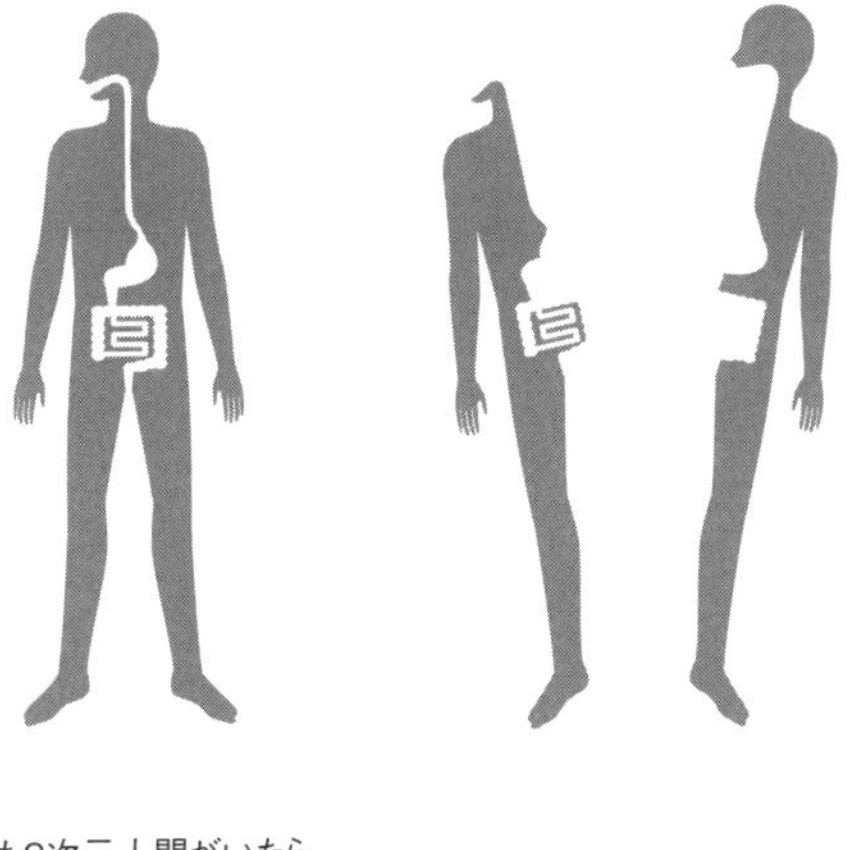

図28　もしも2次元人間がいたら

とイヤですね。

2次元に単純化しただけでこれですから、1次元のような「線」の世界では、もうまともな生物は期待できないでしょう。どうやら、ある程度以上の知的生命体が生きるためには、空間の次元は3以上が必要そうです。

一方、次元を増やす方は可能かと思いきや、そうでもありません。物理法則がどうなるかを計算してみると、どうも困ったことになりそうなのです。

4次元以上の空間では、原子が安定に存在できず、すぐに潰れてなくなってしまいます。原子は、原子核のまわりに電子が安定に存在できるからこそ存在できるものです。4次元以上の空間では電子の動き回れる空間が増えすぎてしまい、最終的に潰れてしまうのです。

また、空間が3次元でない場合は、万有引力の法則が距離の2乗に反比例するという逆2乗則が成り立たず、太陽のまわりを地球が安定して回ることができなくなります。たとえば4次元だったら、3次元に比べて、近づくと引力がより強くなり、離れるとより弱くなるので、円軌道を描くのも難しくなります。

図29は、空間の次元数を横軸、時間の次元数を縦軸にして各組み合わせについてまとめたものです。空間3次元・時間1次元が「We are here」、私たちがいるところですね。

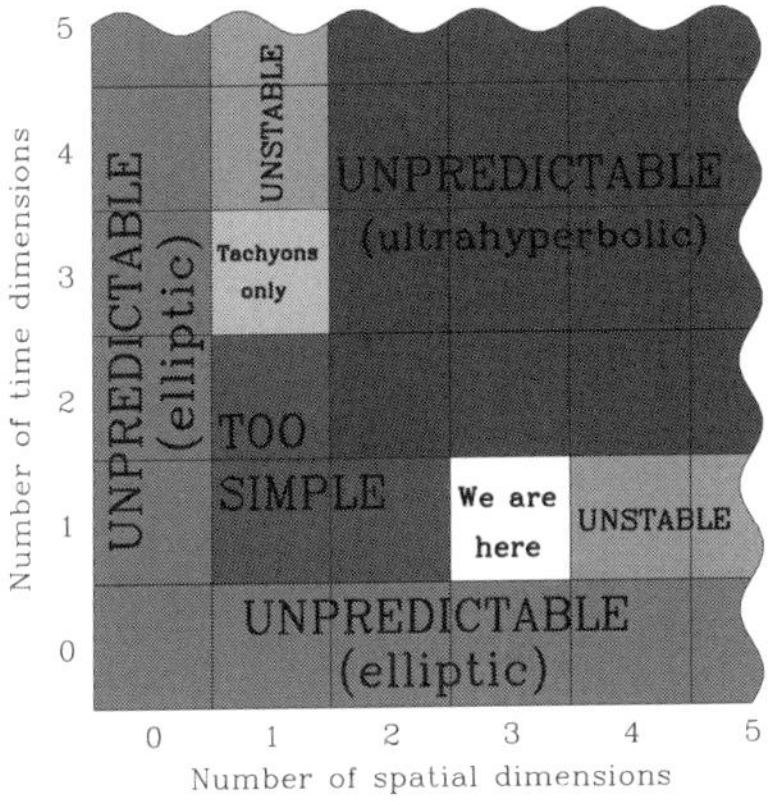

図29　時空の次元のマトリクス
Credit：Max Tegmark

同じ時間1次元だとして、空間が2次元以下だと「TOO SIMPLE」、単純すぎるわけです。一方、4次元以上だと「UNSTABLE」、不安定です。これらのことは、消化管や原子などの例で今まで話してきた通りです。

空間か時間が0次元だと、もはや我々の描ける世界ではありません。何かが「動く」という世界が描けない。時間が0次元なら物は動けないし、空間が0次元ってそもそも物がない。だからこれらの世界については、空間上を物が動く、というイメージがそもそも成り立たない。それが「UNPREDICTABLE」、予測不可能な世界です。

同じ「UNPREDICTABLE」の世界が、マトリクスの右上にも広がっています。空間も時間も複数次元あるというのも、予測不可能な世界なんです。時間や空間の方向が多すぎて、「ある物が次の瞬間どこへ行く」「次に何が起こる」みたいな予測ができない、つまり物理法則自体が混沌としてしまいますから。

たとえば、空間を移動するのと同じように、時間もあっちに行ったりこっちに行ったりすると仮想的に考えてみます。時間が2次元の場合、待ち合わせをするのにも2つの値が必要になります。「1番目の時間が1時で2番目の時間が3時となる交点で会いましょう」というややこしいことになります。そんな約束をしても、まあ我々の知能ではうまくいかない。高次元の世界に住む人の思考形式は、我々とはまったく違うものになるでしょう。

タキオン粒子

我々の世界とは反対に、空間を1次元にして時間次元を増やす、みたいなことは、数式上ではまあできます。で、やってみると、時間1次元と同じようになっています。

図29でみなさんが気になるのは、空間3次元・時間1次元の「We are here」に対応して見える、空間1次元・時間3次元の「Tachyons only」という世界ではないでしょうか。

空間1次元・時間3次元の世界では、タキオン粒子しか存在しなくなるという計算結果が出ています。

タキオン粒子とは、常に光速を超えるスピードで動く粒子のことです。理論的には可能なんですが、観測はされていませんし、多くの物理学者は存在を信じてはいません。

そもそも観測されると困ってしまうんです。光速を超えているということは、時間の逆行を許すことになります。過去に戻れてしまうんです。すると、因果関係がぐちゃぐちゃになってしまう。困ります。だから、「人間には観測されない形で存在する」という、間に合わせというか言い訳のような理論がいくつかあります。そういうことなら矛盾はしないので、存在してもかまわないかなという感じです。

またありえないものを作り出して……と思いますか。

時空間の次元を変えない場合でも、よく変わった理論を考えて計算していると、どうしても出てきちゃうんです。タキオンが。

みんな取り除こうとしますが、どうしても取り除けない。だから「実はこれは存在するけど観測できないんですよ」という論理を見つけ出しているということなんです。

SFにはよく出てきますけどね。とにかく、時間が3次元、空間が1次元であれば、すべてがタキオンになってしまうということです。非常に奇妙な、想像もつかない世界です。

いずれにしても、空間3次元・時間1次元以外には、我々が我々としては存在できない……つまりこれも宇宙の微調整問題や人間原理に通じる話題なのです。

とてつもない精度で調整されている宇宙定数

いろいろとお話ししてきましたが、最大級の微調整問題、つまり、すごい精度で調整されているとしか思えないのが、「宇宙定数」と呼ばれるパラメータです。

宇宙定数とは、もともとアインシュタインが一般相対性理論を最初に宇宙に応用したときに導入した定数です。

アインシュタインは、宇宙は膨張も収縮もしない、静的なものだと想定していました。ただ、アインシュタインが提案した一般相対性理論の基本方程式をそのまま宇宙に当てはめても、静的な宇宙になってくれません。放っておけば自分自身の重力で自然に収縮していってしまうからです。そこで1つの項を付け加えてつじつまを合わせたんです。それが「宇宙項」と呼ばれるものです。宇宙定数は、この宇宙項にかかっている係数のことです。

宇宙定数が正の値を持つと、宇宙空間が膨張することになります。それに対して、物質は宇宙空間を収縮させる働きをします。2つの力が釣り合って、宇宙は静的な状態に保たれるとアインシュタインは考えていました。

しかし、現実の宇宙はアインシュタインが考えていたような静的なものではありませんでした。すでにみなさんもご存じの通り、宇宙は膨張していることがわかって、アインシュタインは宇宙項を捨ててしまいました。のちに「わが生涯で最大の過ち」と語ったとすら言われています。

アインシュタインは捨ててしまったのですが、宇宙項は理論的には存在可能です。膨張する宇宙の中に宇宙項があっても矛盾はありません。いや、やはり宇宙項があったほうがいいのではないか。そういう議論が長いことあったんです。そして宇宙が加速膨張していることがわかると、やっぱり宇宙項、宇宙定数がないと困る、という流れになってきました。宇宙の膨張のあまりに急激な加速は、宇宙項がないと説明できない、ということです。

宇宙の膨張は加速している……そう、第2講でお話ししたダークエネルギーです。ダークエネルギーは、宇宙全体に広がっている未知のエネルギーのことでしたね。

観測はできていないのですが、宇宙全体にごく薄いエネルギーが満ちあふれていることが必要です。宇宙の膨張が加速していることは観測事実です。膨張が加速するためには、宇宙に薄いエネルギーがなくてはなりません。そうでなければ宇宙の膨張は遅くなる一方です。

ダークエネルギーが存在すると仮定して計算すると、観測とピッタリ合うのです。そんな取ってつけたようなものは気に食わないと言っていた人たちも、結局これ以外に加速膨張を説明できないので、受け入れざるをえない状況です。

しかし、ダークエネルギーとはいったい何なのか。

ダークエネルギーを理論的に解明することは、現代の物理学の大きな課題の1つです。宇宙定数はダークエネルギーの有力候補と言えます。ただ、その値があまりにも小さいのがどうにも不自然なんです。

観測から見積もられた宇宙定数の値は、$1.109\times10^{-34}\ \mathrm{m}^{-2}$という小ささです。

宇宙定数のエネルギーは、真空の空間が持っているエネルギーだと解釈できるのですが、量子論から予言される真空エネルギーは、宇宙定数のエネルギー量より123桁大きくなるんです。それでは観測と合わずに不都合なので、何らかのマイナスの真空エネルギーと打ち消し合っているのだろう……と考えたいのですが、打ち消し合って0になるのではなく、微妙に小さい値が残っているのです。

どうせなら0だったら話は早いんですが、0ではなくとんでもなく小さな値というのが、説明できない。不思議です。123桁の大きな2つの数があり、その差がたまたま1だったというような、先ほど紹介した陽子と中性子のような微妙なバランスにある、というわけです。こんなに小さな宇宙定数がどこから出てくるのか、最先端の物理学理論をもってしても皆目見当がつきません。

123桁という想像を絶する精度で、人間に都合のいい値に微調整されているという点が大きな謎です。100桁を超えるような数字の精度が出てくる微調整問題は、これ以外にありません。

あえてたとえるなら、100億光年ほどの距離を離して素粒子を3つバラバラに置き、1つ目の素粒子をビリヤードみたいに打ち出したときに、ちょうど2つ目の素粒子にぶつかって跳ね返り、100億光年先の3つ目の素粒子にちょうど命中するというような、凄腕スナイパーもびっくりのありえない精度です。

この宇宙定数は、非常に問題視されています。想像を絶する微調整が働いている宇宙定数を方程式に勝手に付け加えて、それで宇宙の性質を説明したことになるのでしょうか。

本当は、もっと深い理由とメカニズムがあるのかもしれません。宇宙項を入れて計算することは簡単なのですが、その物理的根拠ははっきりしません。ダークエネルギーの正体も謎に包まれたままです。

この微調整の問題を本当の意味で解決することが、ダークエネルギーの正体を暴くことにつながるでしょう。

なお、宇宙定数の微調整問題をマルチバースによって解決しようとするなら、少なくとも10の123乗個以上の宇宙が必要です。同時に他の微調整問題も解決するためには、もっと多くの宇宙が必要になるでしょう。

もちろん微調整問題の解決法はマルチバースだけというわけではありません。我々がまだ知らない仕組みがこれから発見されるかもしれませんね。

何がパラメータの値を決めているのか？

ここまで紹介してきたものも含めて、宇宙を形作るパラメータは全部で40個あります。

それぞれのパラメータがなぜその値を取るのかには理由はなく、ランダムに決まってい

$$1/\alpha = 137.035989561\cdots$$

Lewis & Adams(1914) : $1/\alpha = 8\pi(8\pi^5/15)^{1/3} = 137.348$
Eddington(1930) : $1/\alpha = (16^2 - 16)/2 + 16 + 1 = 137$
Wyler & Rendus(1969) : $1/\alpha = (8\pi^4/9)(2^4 5!/\pi^5)^{1/4} = 137.036082$
Robertson(1971) : $1/\alpha = 2^{19/4} 3^{10/3} 5^{17/4} \pi^2 = 137.03594$
Aspden & Eagles(1972) : $1/\alpha = 108\pi(8/1843)^{1/6} = 137.0359$
Burger(1978) : $1/\alpha = (137^2 + \pi^2)^{1/2} = 137.0360157$
Atiyah(2018) : $1/\alpha = \lim_{y\to\infty} T(1/2 + yi)$

図30　$1/\alpha$の近似値を数学定数によりあらわそうとする営み

るように見えます。パラメータ間の法則も見つかっていません。

力の統一のように、パラメータの統一は目指されていないんですか？

たった40個のパラメータで世界を説明できるのは驚くべきことではあるのですが、もう少し減らしたいと思ってもこれ以上はどうにもならないんです。

理論家が望んでいるのは、パラメータを決める理論です。まだ知られていないだけで、基本的な理論があり、それに基づいてパラメータの値が決まっているのではないか。そう考えて一生懸命研究していますが、まだ誰も成功していません。

パラメータのすべてが数学定数で決まるはずだと考えて調べてきた人たちは、これまでにたくさんいます。

典型的な例が、1／αに挑んだ人たちです。図30を見るとぎょっとするかもしれませんが、数式の意味はわからなくても大丈夫です。「こういう努力をしてきたんだな」という面白さは感じてもらえると思います。αとは微細構造定数と言われるもので、素粒子物理学の重要な定数の1つです。他のパラメータと同様、観測により値がわかっています。

これを逆数にした1／αは137.035989561...という値になります。「137」という整数に近いので、最初は「これは観測による誤差であって、本来は整数137なのではないか。整数だとしたら、そこに何か理論があるはずだ」と調べ始めたのです。

調べてみると、137ぴったりではないことがわかりました。そこで「πなどの数学的定数であらわせるのではないか？」と、あれこれいじり始めたのです。かなり強引にというか、ほとんどやぶれかぶれの数式を持ってきて合わせようとしています。

2018年に式を提示したイギリスのマイケル・アティヤ（Atiyah）は、現代数学におけるトップクラスの偉人です。アティヤ＝シンガーの指数定理という数学的定理を見つけ出すなど、物理学にも大きな影響を与えました。

そのアティヤは2019年に89歳で亡くなったのですが、亡くなる直前に提示したのが図30の一番下の式です。T関数という関数を使うと、なんと137.035989561...にピッタリになるそうです。

ところがこのT関数というのが、アティヤ独自の、彼しか計算の仕方を知らない関数なのです。これじゃあ、言ったもの勝ちです。天才にしか理解できないのかもしれませんが、誰も信じていないというのが実際のところです。その後、大学院生が彼の論文を一生懸命に調べてやってみたけど、ぴったりにならなかった、みたいな後日談まであります。

言ってしまうと、こうした営みは、知的遊戯のようなものにすぎません。半分は本気ですが半分は冗談のようなものです。数秘術と言って、数学者が歳を取ってから始めがちな怪しい営みなんです。裏付けとなる理論はないんだけど、とにかく「俺の言う通りに数式を組めばパラメータが説明できる」みたいな。

アティヤのような人が、このような数秘術に魅せられてしまうのは、どうしてか。私見ですが、若いときに偉大な成果を残した人が歳を取って頭は鈍くなり、残された時間も少ない、あまり最先端の研究をできなくなってくる、それで、最少の努力でインパクトのあることを言いたがる、というわけではないでしょうか。その気持ちは、ある程度は理解できます。

最晩年のアティヤはこれに限らず、誰も証明できなかったリーマン予想を同じ理論で同時に証明したと主張していましたが、アティヤの証明の正しさは認められておらず、ほとんど言い張ったにすぎません。アティヤのような人でも、こういうエピソードが残されていると思うと、少なからず悲しい気持ちにさせられます。

アティヤの他にも、思いつく例としては、ジョセフソンがいます。若いときに超電導の研究でノーベル賞を受賞したジョセフソンという人は、今では霊魂の世界にハマってしまっています。

宇宙の神秘をこの手に摑み、解き明かしたのだという気持ちになってしまうのでしょうか。あまり傲慢にならず、自分が解き明かせることは限られているのだという前提を忘れないようにしなくては。私たち科学者が気をつけるべき点だと思っています。

パラメータは偶然でしかないのか?

数秘術の話に戻ると、要は、無理だね、って話ですね。数学的な理論でパラメータをあらわすというのは、諦めるしかなさそうです。

すると、残る可能性は、やはり「パラメータに必然性はなく、偶然に決まっている」ということです。

偶然であるなら、他の値を持っていてもいいことになります。他の値を持つ宇宙が存在しない理由がありません。ただ、パラメータが取る値の異なる宇宙は、生命が誕生する条件を満たしませんから、そこに生命はいないでしょう。

この宇宙はたまたま人間が生まれるようにパラメータが整った宇宙だったので、人間が存在しています。そして、我々人間は殊勝《しゅしょう》にも、「なぜこの宇宙はこんなに都合がよくできているんだろう」と、けなげに考え続けているというわけです。

第6講

時間と空間

再び、宇宙とは何か？

この宇宙について、わかってきたことは随分あります。

生活圏が「世界」にすぎなかった頃に始まり、地球が丸いことがわかり、天動説から地動説へ移行し、観測技術の進歩とともに、太陽系の外についての理解も深まりました。宇宙が膨張していること、宇宙に始まりがあることもわかりました。相対性理論や量子論の発展により、我々の宇宙観は確実に進歩を続け、今ではマルチバースのような一見SF的に思えることも真剣に議論されています。

しかし、まだまだ謎に満ちているのが宇宙です。わからないことがたくさんあります。

ここで再び、「宇宙とは何か」という最初の疑問に戻りましょう。

言葉の意味とすれば、宇宙とは「時空」のことだと言うことが可能です。では、時空とは何でしょうか。

時間と空間は私たちにとって当たり前の存在で、普段とくに意識することもないですよね。しかし、そもそも「時間とは何なのか」「空間とは何なのか」と考え出すと、これが非常に難しい問いであることがわかります。

時間も空間も、数字であらわすことはできます。でも、時間そのものや空間そのものを直接目にすることはできません。

古典力学においては、時間と空間は暗黙のうちの前提でした。物体の位置や速さを考えるとき、その前提として時間と空間がなければ話になりません。時間と空間は誰にとっても共通のものだという考えのもとに、ニュートン力学は作られました。これは私たちの経験とも一致しています。

ニュートン力学的な見方では、時間と空間は、物体などの運動の舞台のようなものです。物体の運動とは無関係に、時間も空間も存在すると考えられていました。

これを覆したのが相対性理論でした。アインシュタインは、時間や空間が固定された「舞台」ではないことに気づきました。時間や空間は「絶対的」なものではなく、「相対的」なものだったのです。

止まっているAさんと動いているBさんを考えてみましょう。Aさんから見ると、Bさんの時間の流れはゆっくりになっています。Bさん本人にとっては、時間の流れはいつも通りです。別に自分の動きがスローモーションになったと感じたりはしません。

では、Bさんから見てAさんの時間はどう流れているのでしょうか。Bさんから見れば

Aさんが動いています。そして、Aさんの時間がゆっくり流れているように見えるのです。お互いに、相手の時間がゆっくり進んでいるように見えるということです。

これが矛盾しているように感じるのは、時間と空間が絶対的なものだという固定観念があるからです。

ロケットで未来へ

日常生活では、時間の違いがあるといっても小さすぎて実感できません。実感できるほどになるのは、光速に近づいた場合です。

光速に近い速さで移動したとき、時間の遅れが顕著になることを「ウラシマ効果」と呼びます。光速に近いスピードのロケットに乗って宇宙を旅行して帰ってきたとき、旅をしていた人にとっては3年しか経っていないのに、地球では100年経っていたということがありえます。昔話の「浦島太郎」も、竜宮城で過ごしていた時間は実はものすごい速さで宇宙旅行をしていたのだとすると、物理法則的にはありえない話ではないんです。

実際にロケットを光速に近い速さで動かすのは、技術的な面で多くの課題があります。

しかし、原理的には、この方法で未来に行くことができるわけです。一瞬で未来に行くことはできませんが、たとえば20年間ロケットで旅行をして帰ってきたとき、地球では30年以上の時間が経っています。

ただ、こうやって未来の世界に行っても、二度と過去に戻ってくることはできません。未来へ行った人間は、未来の世界で生きていくしかありません。

時間を超えて旅ができる「タイムマシン」は人類の夢ですが、これを「タイムマシン」と呼ぶには心許ない感じがします。未来への片道切符にすぎません。タイムマシンは、時間を自由に行ったり来たりできるものであってほしいですね。

時空を超える方法

では、ウラシマ効果以外の方法を用いて、過去に行くことは不可能なのでしょうか。

こういうとき、物理学で考えるのはあくまでも原理的に可能かどうかです。現在の技術では無理でも、物理法則に反しないのであれば可能と言えます。先ほどの光速に近いロケットにだって、原理的な問題はありません。将来、予想もつかなかった技術革新があって現代にはない技術が生まれ、不可能を可能にすることだってあるかもしれません。あくまで原理的に可能かどうかを基準とするなら、物理法則に反することなく過去に戻ることができるタイムマシンは不可能ではなさそうです。

ヒントは、極度に時空がゆがむブラックホールです。

ブラックホールの中心部には、リング状になった「時空の特異点」があります。時空の特異点は、時空間の裂け目ともいうべき場所です。もはや時間と空間の広がりがなくなり、現代の物理学では計算不可能です。

ともあれ、このリングを抜けると、別の時空につながっていると考えられます。何光年も離れた場所かもしれないし、もしかすると我々の住む宇宙とは別の宇宙につながっているのかもしれません。

ブラックホールは、時空を超えるトンネルになりえます。物質を吸い込むのがブラックホールなら、出口はホワイトホールです。このブラックホールとホワイトホールをつなぐトンネルを「ワームホール」と呼んでいます。

最初にこの理論を作ったのは、アインシュタインと物理学者のローゼンですが、「ワームホール」というキャッチーな名前を与えたのはホィーラーです。時空をリンゴに見立て、虫がリンゴ上のある1点から反対側へ行く際に、表面を移動するより穴を開けて通った方がすぐ出られるというたとえを使いました。

ブラックホールとは異なり、ホワイトホールやワームホールは実在が確認されているわけではありませんが、数式の上では存在可能です。

でも、ブラックホールを通るときに、スパゲッティ化現象でバラバラになってしまうんでしたよね。

十分に大きなブラックホールが十分な速度で自転している場合、うまく中心のワームホールに入っていけばバラバラにならずに通れる可能性があります。

それに、「自然の」ブラックホールに飛び込まずに、安全な人工のワームホールを作ればいいのではないでしょうか。ワームホールを作ることができないかも、物理学者の間では真剣に議論されているんです。時空が曲がるのであれば、離れた2地点をギュギュっと曲げて近づけてくっつければいいのではないでしょうか。

理論上はワームホールを作ることは可能です。ただ、大きな問題があります。ワームホールは不安定な性質を持っているということです。人間が通ろうとした瞬間にワームホールが壊れてしまい、時空のはざまで結局つぶれてしまう公算が大きいのです。

天文学者であり作家でもあるカール・セーガンは、SF小説『コンタクト』の執筆にあたり、ワームホールについて物理学者のキップ・ソーンに相談しました。キップ・ソーンは相対性理論の有名な研究者で、彼らは1988年に、人間が通れるのに十分な大きさがあり、安定化したワームホールの可能性について理論証明しました。

ちなみに『コンタクト』は1997年に映画化もされています。また、キップ・ソーンは2014年の映画『インターステラー』には製作総指揮として関わり、理論の面から映画を支えています。

キップ・ソーンとカール・セーガンによると、負のエネルギーを持つ物質を詰め込むことで、安定したワームホールは実現します。

負のエネルギーを持つ物質とは何でしょうか。通常の物質はすべて正のエネルギーを持っており、負のエネルギーを持つ物質なんていうものは見たことがありません。でも、時空がねじれているような空間においては、物質のエネルギーが負になることもありえないとは言えません。

また、ダークエネルギーをうまく使って、安定したワームホールを作れるのではないかという人もいます。ダークエネルギー自体の正体がよくわかっていないので、言いたい放題という面も否定できませんが、可能性という意味ではすぐに否定するものでもないでしょう。将来、ダークエネルギーの正体が判明して、自由に時空を行き来できるワームホールを作ることが可能になるかもしれません。

もし、人間が通過可能なワームホールが存在できるなら、何万光年も離れた場所にワープすることができるでしょう。入口と出口の時間を変えれば、タイムマシンになります。未来にも過去にも行くことができます。

ワームホールを自由自在にコントロールできる術《すべ》があるなら、ワープもできる夢のタイムマシンになるのです。どこでもドアとタイムマシンが合わさった夢の技術です。

現実的には非常に難しいことは確かです。でも、原理的に可能である限りは、「絶対に無理」とは言えません。

タイムパラドックスの解決方法

過去へのタイムトラベルを否定するときの観点として、タイムパラドックスを持ち出してくる人がいます。たとえば過去に戻って、自分が生まれる前の親を殺します。そうすると、自分は生まれてきませんから、そもそも過去に戻って親を殺すことができなくなってしまいます。こうしたパラドックスが問題です。

これをどう解決しましょうか。タイムパラドックスを起こさずに、タイムマシンが存在できる可能性はどう考えたらいいと思いますか。

過去に戻って何回試しても、現実は同じになるとか。親を殺そうとしても失敗するように仕組まれているとか。

それが1つの解決方法ですね。過去に戻ってどんな行動をとろうが現在は変わらないとすれば、矛盾が起きません。この解決方法の根底にあるのは「未来はあらかじめ決まっている」という考え方です。

古典的な物理法則のみに基づけば、その通りなのです。ニュートン力学では、ある瞬間の宇宙にあるすべての粒子に速度と位置を与えれば、その後の状態は完全に決まります。これと同じようなことは電磁気の法則でも成り立ちます。世界のすべての物質は物理法則に従って動いていますから、自由意志で動きを変え、世界の運命を変えることはできません。

人間も自由に選択しているように見えて、どのように選択するかは実はあらかじめ決まっているのかもしれません。「過去に戻って先祖を殺そうとする」というのもあらかじめ決まっていた行動かもしれない。

こう言うと、いくら頑張っても未来を変えられないなら努力しなくていいやと思う人がいるかもしれません。でも、仮に未来が決まっているとしても、努力をして成功をする未来なのか、なまけて不幸になる未来なのかを今知ることはできません。そうであるなら、努力をした方がいいのです。

それにそもそも、「未来はあらかじめ決まっている」というのは、古典力学的な1つの立場にすぎません。

分岐する宇宙

タイムパラドックスを回避するもう1つの考え方は、パラレルユニバースです。人間に本当の意味での自由意志があり、行動を選択できるとすると、こちらが解決方法になるでしょう。

パラレルユニバースの考え方では、過去に戻って現在に影響する行動をするたびに宇宙が分岐します。親を殺した人がいた場合、親を殺した宇宙と殺さない宇宙の2つに分岐します。この人は、親を殺さなかった宇宙で生まれた子であり、親を殺した宇宙の方には存在しません。これならタイムパラドックスは発生しません。

このパラレルユニバースは、すでにお気づきでしょうが、量子論的な考え方です。エヴェレットの多世界解釈では、あらゆる可能性が重ね合わせの状態で存在しており、観測者が認識するごとに世界が分かれていくのでした。過去に戻るかどうかに関係なく、我々は常に平行世界にいます。

ある選択をしたら、その選択をした世界としなかった世界に分かれます。たとえば、この本を買った自分と買わなかった自分がそれぞれの世界に存在しているのです（ご購入ありがとうございます）。ちょっとずつ違う自分が無数にいると想像すると気持ち悪いですが、他の平行世界のことは検知できず、お互いに関わることはできません。

量子論的なパラレルユニバースでは、あらゆる可能性が実現した世界が存在しており、自分は無数にある平行世界のどれか1つに住んでいることになります。

ワームホールで過去に行った場合、その出口につながるのは、自分がいたのとは別の平行世界です。そこで何をしようが、もといた世界とは関係ないので矛盾が起きないのです。

相対性理論と量子論は相性が悪い？

宇宙には時空のゆがみ、ねじれがあるということからタイムマシンの話になりました。ブラックホールやワームホールは、時空の物理学である相対性理論から予言されているものです。相対性理論によって、時空は我々が普段思っているものとは違うということはよくわかりました。観測者によって変わる「相対的」なものだし、重力によってゆがめられてしまいます。しかし、その中身を詳しく見たいと思っても、よくわからないのです。

量子論は1つのキーになりそうですが、一般相対性理論と量子論は相性が悪いと言われています。重力という大きな世界の話と、ミクロの世界の話を矛盾なくくっつけることがなかなかできないんです。普通は別々の世界の話なのでいいんですが、宇宙の初期について考えるには組み合わせる必要が出てきます。

昔からこれは大きな問題だったのですが、量子論と相対性理論を部分的にくっつけることに成功したのがホーキングです。ホーキングの「量子重力論」によれば、ブラックホールは量子効果によってわずかに光を出します。光さえ出てこられないと考えられていたブラックホールですが、量子効果でエネルギーが漏れ出てくることを計算で示したんです。まだ観測はされていないので確実ではありませんが、理論的には正しそうです。

ブラックホールが光を出すということは、ブラックホールが見えるんですか?

光が弱すぎるので、通常の手段では見えません。ただ、ブラックホールはエネルギーを放射してどんどんやせ細っていき、最後の最後になるとものすごいエネルギーを出すため、そこを観測できるのではないかという話があります。ブラックホールがなくなる瞬間にぶわっと明るくなり、そこが観測できると考えられています。

ホーキングが相対性理論に量子論を取り入れたことで、この分野は一時期非常に盛り上がりました。ただ、あくまでも一部分の話ですし、両者を統合するようなことは今もできていません。

ちなみにホーキングは、量子力学的に推測して、タイムマシンで過去に行くことはできないという立場をとっています。もし過去に戻れるワームホールがあれば、そこを真空のゆらぎが何度も循環して強くなり、ワームホールを破壊してしまうと言うのです。これを「時間順序保護仮説」と呼んでいます。まだ重力を量子的に扱う理論ができていないので、この仮説が本当かどうかはわかりません。

時空とは何か？

相対性理論と量子論を結びつけることは、今後の課題です。

ある量子論的な仮説によれば、時間はないほうが自然にも思えます。なぜかというと、計算をしているうちに、方程式から時間の変数が消え去ってしまうことが知られているんです。不思議ですね。時間を計算に入れる必要がなくなってしまうんです。

いったい、時間とは何なのでしょうか。

本当は、物理的な時間などというものは存在せず、人間が勝手に発明したものなのかもしれません。「お金」がモノの価値を記述し、交換を簡単にする発明品であるように、「時間」も物事の相関関係を記述するための発明品であって、自然に本質的に備わっているわけではないのかもしれません。

「空間」もそうです。人間がこの空間にこういう距離があると認識しているだけであって、正体はよくわかっていません。

ホィーラーの参加型人間原理によれば、時間も空間も情報処理の一環でしかありません。時間も空間も、我々が思っているようには存在していないのです。

観測的宇宙論

最後の最後に、また混乱してきましたね。

いいんです。宇宙についてわかったふりをせず、混乱しながらも追究していくことが大事なんです。

あまりにも大きく未知の部分が多い宇宙に対し、無力感を感じた人もいるかもしれませんが、理論と観測によって少しでも真実を知りたいという気持ちは大事です。

私が専門にしているのは、一言で言うと「観測的宇宙論の理論研究」です。

これは、観測に基づいて宇宙の全体構造を知ろうとする研究です。本来、物理学は実験測定に基づいて研究するものですから、わざわざ「観測的」なんて加える必要はないのですが、宇宙論については理論のみで突き進む時代が続いていたため、純理論的な宇宙論の研究と区別してこう呼んでいます。

私もかつては、理論を使って宇宙のすべてを解き明かしたいと思っていたことがありました。しかし、理論だけだと、あらゆる可能性を考え出すことはできますが、何が正しいのかわからないままです。この講義でさまざまな「宇宙像」を扱ってきましたが、そのどれも理論にすぎず、みなさんにも「宇宙とは何か」の確たる答えをお渡しすることができませんでした。

理論家はある意味それでいいのでしょう。でも、私は本当のところが知りたい。ですから、理論の中から調べられるものをピックアップして、観測や実験によって明らかにしていこうとしています。理論研究が主体ですが、観測に密着した理論研究です。

図31　1100枚を超えた手計算の記録。研究とは往々にして泥臭いものである

たとえば、「こういう観測をすれば、ダークエネルギーの性質を調べられるはずだ」といった内容の論文を書き、その原理が世界的な銀河サーベイ観測に応用されています。サーベイ観測とは、広い範囲の宇宙を調べつくす手法です。

現在研究を進めているのは「宇宙論的摂動論」です。初期の宇宙で星ができたり銀河ができたりしていくとき、どういう振る舞いをするのかを調べるにあたって、「摂動論」という手法を使ってやっているんです。宇宙の初期から現在までの複雑な構造が時間的にどう変化するかというのを、ひたすら手計算を主にして求めていくということをしています。

宇宙の変化は、手計算でなくコンピュータ

のシミュレーションを使って調べていく方法もあり、以前はそちらの手法で研究していたこともあったのですが、最近の自分には数式の手計算によってわかることを調べるほうが面白いですね。とは言っても、世界初の結果を得るために必要な手計算の量は半端ではなく、この間、宇宙論的摂動論を使ったひと続きの研究のために計算した紙を数えてみたら1100枚以上ありました（図31）。

1人で孤独にやってばかりだと自分の精神が心配になるので、こういった孤独な研究と共同研究、学生たちとワイワイ楽しくやる研究などをとり交ぜ、平行してやっています。本書のような執筆活動も、その一環です。

宇宙を追うために数学は必要か？

手計算で何枚もの紙に計算を続けているなんて言うと、数学や算数が苦手だった方はイヤな気持ちになるかもしれません。

理論研究の中には数学ができないと難しいものはあります。相対性理論はやや高度な数学を勉強しないとできません。でも、宇宙論は宇宙物理学のごく一部の分野です。天体の研究なら、物理や化学が重要ですし、シミュレーションのためのプログラムを武器にする人もいます。簡単な計算だけでも、アイデアに優れ、広く知れ渡る論文が書ける人もいます。あるいは体力や総合力を生かして宇宙飛行士になるという人もいるでしょう。

「宇宙研究」の意味する範囲は広いです。子どもの頃、文系や理系の区別もなく、誰もが自由研究に夢中になったように、科学＝数学ではありません。

宇宙とは何かを追い求める人類の根源的な営みに加わるなら、宇宙が好きかどうかがいちばんだと思いますよ。

私も、宇宙が好きなんです。

もともと、この世界はどうやってできているのかという子どもの頃の疑問から始まって、紆余曲折ありながら観測的宇宙論にたどり着きました。さまざまな面白い宇宙の理論を、観測データを使って解いていくなんてすごく楽しいじゃないかと思ったんです。それに、観測技術の発展はめざましいものがあり、これからさらに伸びていく分野だと思います。まだまだ謎の多い宇宙だからこそ、さまざまな形の参加があり、また多くの面白い発見が出てくることでしょう。

「宇宙とは何か」がわかる時は、そう遠くないかもしれません。

宇宙とは、時間と空間である。
では、時間と空間とは何か。
実はよくわかっていない。
宇宙とは何か。
それは、人類に残された問いだ。
宗教でも、哲学でもなく、
科学が答えを与える日が待たれる。

著者略歴
松原隆彦（まつばら・たかひこ）

1966年、長野県生まれ。高エネルギー加速器研究機構 素粒子原子核研究所（KEK素核研）教授。博士（理学）。京都大学理学部卒業。広島大学大学院博士課程修了。東京大学、ジョンズホプキンス大学、名古屋大学などを経て現職。専門は宇宙論。日本天文学会第17回林忠四郎賞受賞。『現代宇宙論』（東京大学出版会）、『宇宙に外側はあるか』（光文社新書）、『文系でもよくわかる 世界の仕組みを物理学で知る』（山と渓谷社）、『なぜか宇宙はちょうどいい』（誠文堂新光社）、『宇宙の誕生と終焉』『私たちは時空を超えられるか』（いずれも小社刊）など著書多数。

SB新書　640

宇《う》宙《ちゅう》とは何《なに》か

2024年1月15日　初版第1刷発行
2024年2月9日　初版第2刷発行

著　　者　松原隆彦《まつばらたかひこ》
発 行 者　小川 淳
発 行 所　SBクリエイティブ株式会社
〒105-0001 東京都港区虎ノ門2-2-1
装　　丁　杉山健太郎
本文デザイン DTP　株式会社ローヤル企画
校　　正　有限会社あかえんぴつ
編集協力　小川晶子
編　　集　北 堅太（SBクリエイティブ）
印刷・製本　大日本印刷株式会社

本書をお読みになったご意見・ご感想を下記URL、
または左記QRコードよりお寄せください。
https://isbn2.sbcr.jp/20226/

落丁本、乱丁本は小社営業部にてお取り替えいたします。定価はカバーに記載されております。
本書の内容に関するご質問等は、小社学芸書籍編集部まで必ず書面にて
ご連絡いただきますようお願いいたします。

ISBN　978-4-8156-2022-6